职业技能培训教材

# 美发师

## 四步造型技法

卢晨明 > 主编

中国劳动社会保障出版社

**图书在版编目（CIP）数据**

美发师四步造型技法/卢晨明主编．-- 北京 ： 中国劳动社会保障出版社，2021
职业技能培训教材
ISBN 978-7-5167-4950-0

Ⅰ．①美…　　Ⅱ．①卢…　　Ⅲ．①理发－技术培训－教材　　Ⅳ．① TS974.2

中国版本图书馆 CIP 数据核字(2021) 第 197871 号

**中国劳动社会保障出版社出版发行**

（北京市惠新东街 1 号　邮政编码：100029）

\*

三河市华骏印务包装有限公司印刷装订　　　新华书店经销

787 毫米×1092毫米　16 开本　16.5 印张　294 千字
2021 年 11 月第 1 版　　2021 年 11 月第 1 次印刷
**定价：100.00元**

读者服务部电话：（010）64929211/84209101/64921644
营销中心电话：（010）64962347
出版社网址：http://www.class.com.cn

版权专有　　　侵权必究
如有印装差错，请与本社联系调换：（010）81211666
我社将与版权执法机关配合，大力打击盗印、销售和使用盗版
图书活动，敬请广大读者协助举报，经查实将给予举报者奖励。
举报电话：（010）64954652

# 美发师
## 四步造型技法

### 编审委员会

主　任：郑建兴

副主任：姜海平　龚建林　刘　楠

委　员：胡　文　方国刚　田　坤　葛连勇　肖　勇　吴天宇　邓　波

### 编审人员

主　编：卢晨明

编　委：李秋玲　汪朕宇　朱建华　董一达　艾　薇　张志东

主　审：吉正龙

审　稿：杨守国　张俊程　刘天翔　陈英豪　柳红飞　杨昌鑫　冷文裁

# 内容简介

　　本书介绍了 DX 中国原创美发教育系统中四步造型技法的理论知识和操作方法。书中对传统的发型造型知识和方法进行了颠覆和重组，对理论知识做了系统梳理，对操作技术进行了创新，理论简明易懂，例证全面，能够帮助读者更方便地掌握发型造型技术。全书共分为 4 篇，内容包括：四步造型技法基础、男发造型、女发造型、造型拓展等。

　　在教材的编写模式上，本书也在传统教材的模式之上进行了升级，是一本图、文、视、听立体打造的美发教材。书中有大量的发型制作过程图片和 200 余个技术示范、讲解、指导视频，扫码即可观看操作视频，大大提高了学习效率，便于读者快速掌握全新的美发技术。

　　本书在编写过程中得到了以下企业、协会和学校的大力支持和帮助，在此表示感谢：北京妙境界信息技术有限公司、ICD 世界发型设计家协会中国总部、国际标榜亚洲总部、上海美发美容行业协会、上海市商贸旅游学校、上海市商业学校、上海南京美发公司、上海华安美丽馆。

　　教材的编写是一项探索性工作，由于时间紧迫，不足之处在所难免，欢迎各位同行提出宝贵意见和建议。

与卢晨明相识近二十年，通过互联网相识到密切关注，再到实际接触，我预感到：卢晨明在专业美发技术和专业美发教育方面必将大有作为。

2013 年，中国美发美容协会组织行业专家起草行业标准《美发服务操作规程和服务质量要求》。其中，几个有关染发的专业术语和定义不够准确。我便通过微博向大家求助："难住我了。有谁能够用一句话，把挑染、片染、块染、段染、过渡染的定义表述清楚？"回应者不在少数，但最令我感到眼前一亮的是卢晨明的表述（挑染是以点取份的染色方法，片染是以线取份的染色方法，块染是以面取份的染色方法，段染是分段上色的染色方法，过渡染是由浅至深渐变的染色方法）。专家多日研究未果，卢晨明居然迅速搞定。

2014 年，卢晨明出版了六本美发专著。这六本专著因其系统性和实用性而深受多家专业美发培训学校的青睐。

十余年来，卢晨明活跃在学校、企业和行业组织举办的专业美发技艺培训课堂上，其精彩分享，无不使人豁然受益。

技艺精湛，乐于传道解惑。卢晨明因此受到了多方的关注和认可：屡次担任全国美发技能大赛裁判或裁判长；2019 年，被上海市总工会授予"上海工匠"称号；

2020 年，作为技术技能大师，被纳入教育部职业技术教育中心研究所产业导师资源库……

曾经，有人想请他做大学专职教师，但他认为：这会使他灵活的工作方式和自由的创作空间受到极大的束缚。于是，他婉言谢绝了。

卢晨明的目标很明确：不断研究美发技艺，不断研究美发教育系统，让更多的美发人受益。正是这样一个清晰的目标，使他孜孜不倦深耕行业数十年。

卢晨明把创新当作永恒的研究课题。本系列教材就是将其原创的 DX 中国原创美发教育系统以全新的面貌呈现出来：在操作技术上有着革命性的创新，在理论上对传统发型理论做了颠覆和重组，在编写模式上更是进行了时代性的升级。

本系列教材理论简单易懂、技术规范系统、技法例证全面，并附有大量的操作流程图片和操作技术示范、讲解视频，可以使读者快速掌握修剪、造型、烫染等操作技术。

教材采用全新立体编写模式，将图、文、视、听多维度一体化呈现。扫描二维码，便可在线上观看对应作品的制作过程。读者可以利用碎片化的时间，随时随地上线学习和复习，大大提高学习效率。这种传统课堂教学与互联网教学相结合的模式，在对接市场需求、完善职业教育和培训体系、提升专业美发教师的教学水平方面，可以说有着质的突破。

以梦为马，不负韶华。我相信，卢晨明作为一个为美发技艺而生，为美发教育而活的人，将始终站在时代的潮头，而后浪们则会以磅礴之势奋起直追。

教育部全国美发美容职业教育教学指导委员会主任
中国美发美容协会荣誉会长
**闫秀珍**

# 序二

　　成为艺术和技术兼备的发型设计师不容易，而能著书立说，将自己的专业知识和理念毫不保留地传授他人，则更不容易。这不仅需要精力和时间，以及渊博的知识，更需要有乐于传承的爱心。

　　读书如读人，卢晨明笔下处处透着重师道、友朋辈、携后进、传匠意、铭初心的品格，令我禁不住再为他的作品写序。

　　本书不是简单的技术参考书，而是将发型的设计理念、美发的操作技艺和学习方式提升到一个全新的、立体的高度。这是卢晨明的眼界，是卢晨明的钻研，更是卢晨明的努力和执着。他使中国美发职业教育的革新迈出了重要一步。

　　职业培训是面向未来、造福人民的一项阳光事业，希望看到更多的青年人能像卢晨明一样，积极加入这一行列中，为中国美发职业教学体系的构建、技术人才的培养做出不懈的努力和无私的奉献。

ICD 世界发型设计家协会中国区创会会长

国际标榜亚洲总部创建人

**彭锦钊**

# 序三

认识卢晨明已经有二十多年了，看着他从一个好学的青年才俊，一步一步成长为今天多项荣誉加身的美发大师和美发界难得的复合型人才。

如果说卢晨明在国内外不断夺得各类美发大赛的冠军，是对自身技能的一种检验，那么培养出许多国内外美发大赛的冠军选手和全国技术能手，则是对卢晨明教育培训能力的一种印证。

十几年来，卢晨明专注于美发技术的创新和研发，陆续撰写出版多本美发专著，同时还担任人力资源社会保障部和教育部职业技能鉴定和培训教材的主编，体现了他作为一名美发教育工作者的责任感和使命感。编写教材，不仅需要具备扎实的专业技能、良好的文化底蕴和职业素养，更需要的是具有行业传承的责任感。

然而，他并没有因此满足，停下前行的脚步。卢晨明经过多年的钻研和努力，创立了严谨务实的DX中国原创美发教育系统，为中国的美发教育走向世界迈出重要一步。

本书不是简单的技术参考书，而是图、文、视、听为一体的立体教材，是中国美发职业教育改革进程中，用科技进步实现教学、教材创新的重大突破。

教材内容全面系统、重于品质、微于细节、贵于专业、简于技法、通俗易懂。如果你想成为未来的美发大师，相信这是一本可以给你帮助的书。

ICD 世界发型设计家协会中国荣誉会长

**乐嘉放**

# 序四

这是一本集图、文、视、听为一体的美发教育系统的立体教材，改变了教学的方法、学习美发技艺的方式。这是时代进步的体现，是中国美发行业的骄傲。

多年来，卢晨明用他的努力践行着"学习的目的不是模仿，而是颠覆和创新"这一理念。

细细品读本书，肯定能让你受益匪浅。通晓全书，相信你可以成为美发行业耀眼的明日之星。

ICD 世界发型设计家协会中国会长

许小东

# 序五

DX中国原创美发教育系统的诞生，打破了中国没有本土美发教育系统的尴尬局面。本书的出版，是上海美发行业的骄傲，更是中国美发行业的骄傲。感谢中国美发大师卢晨明为中国美发行业做出的杰出贡献，望再接再厉，再创辉煌。

上海美发美容行业协会会长

中国美发美容协会副会长

董元明

# 目录

## 第2篇　男发造型

## 第3篇　女发造型

## 第4篇　造型拓展

# 引言

　　DX 中国原创美发教育系统（简称 DX 系统）是一个全新的美发教育体系。DX 是"定向"两字拼音的首字母，是中国原创美发教育系统的标志。

　　DX 系统认为，修剪是头发造型的基础，烫发、染发、吹发、盘发、编发、束发（也称扎发）也属于头发造型的范畴，只是造型后得到的形状、色彩、纹理及造型后保持的时间不同。

　　临时性造型——发型制作中，吹风造型、电棒造型、盘发造型、编发造型因造型后保持时间不长，被 DX 系统归于临时性造型的范畴，这属于对造型概念的传统理解范畴。

　　持久性造型——修剪造型、染发造型、烫发造型在较长时间内形状、纹理、色彩变化不大，因此 DX 系统把这类造型归于持久性造型，这是新时代对造型概念的理解。

第1篇

# 四步造型技法基础

## 引导语

　　头发造型是基于修剪后发型的设计拓展，通过各种造型技法改变头发的色彩、形状、纹理，以增加造型变化和扩展造型设计空间。

　　在 DX 系统中，造型过程分为四个步骤，即工具造型技法运用、梳理造型技法运用、固定造型技法运用、徒手造型技法运用。任何造型都要经过四步造型技法运用才能完成。

　　四步造型技法是造型中必备的四种技法，在实际运用中是缺一不可的。在造型时，因所需造型的效果不同，常常会着重于某两种技法的运用，而将另外两种技法作为辅助手段加以运用，但如果遗漏或忽视辅助技法的运用，对发型最终效果会产生较大影响。

第1章

工具造型技法

工具造型技法运用是造型的第一步，即运用不同的造型工具和造型技术来改变发丝的形态，改变发型的形状和调整发丝的流向，从而改变发型的整体形状。

# 第1节　造型工具的分类

## 一、电热造型工具

### 1. 吹风机

吹风机的款式很多，按其功能可以分为造型吹风机和定型吹风机两种。

（1）造型吹风机是造型常用的工具，通过调节开关可以吹出不同温度和大小的风。

扫码观看

（2）定型吹风机在 20 世纪较为常用，因其具有温度高、风力小的特点，使用不当容易烧焦头发，目前只在发型局部定型时使用。

扫码观看

## 2. 集风罩、散风罩

（1）集风罩也称鸭嘴，安装在吹风机出风口有汇聚风力和热量的作用。

（2）散风罩也称烘罩，安装在吹风机出风口可降低风速，起到烘干头发的作用。

扫码观看

## 3. 电棒

电棒卷曲的头发光洁度和持久度都明显优于吹卷的头发。它的缺点是不能作用到发根，需要用吹风机对发根的流向进行调整。由于造型的方便性和美观性，电棒已成为目前快速造型不可缺少的工具。

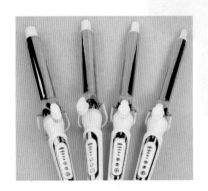

扫码观看

### 4. 电夹板

电夹板（简称夹板）用于夹板造型，常用的有直夹板、锯齿夹板等，可以根据设计要求快速对头发进行所需纹理效果的处理，完成吹风机和电棒不能完成的造型处理。它的缺点也是不能完全作用到发根。

（1）直夹板。直夹板是拉直头发常用的工具，也可以通过弧线运动制造卷曲的纹理。

扫码观看

（2）锯齿夹板。锯齿夹板也称玉米夹板，可以制造蓬松的效果，常用在盘束造型中。

扫码观看

## 二、梳理造型工具

梳理造型工具包含很多种梳子，有吹风使用的，也有其他造型使用的，要根据不同的造型选择适合的梳理造型工具。

1. 排骨梳

排骨梳的拉力较小，是吹干头发常用的工具，也用在直发造型或改变发根走向时。

扫码观看

**2. 九排梳**

九排梳的拉力适中，是直发吹风造型常用的工具，也是恢复头发自然形态的常用吹风梳理造型工具。

扫码观看

**3. 毛滚梳**

毛滚梳的拉力较大，是拉直或吹卷头发常用的工具，一般根据头发的长度和设计的卷曲度来选择毛滚梳的大小。

扫码观看

**4. 铁滚梳**

铁滚梳的拉力较小，便于梳子运动方向的改变，吹出的卷发灵动性更好。

扫码观看

**5. 气垫梳**

气垫梳的梳齿位于具有弹性的气垫上，梳理头皮具有按摩功能，是长波浪必备的梳理造型工具。

扫码观看

### 6. 手柄梳

手柄梳具有便于拿握的手柄，用于梳通、梳顺头发，可以作为剪发造型的工具。

扫码观看

### 7. 纹理梳

纹理梳是具有较宽齿距的平梳，可以梳出较宽的纹理线条。

扫码观看

### 8. 尖尾梳

尖尾梳也称挑梳、单针梳，用于划分细小的发区或发片。

尖尾梳是染烫造型中必备的造型工具。

扫码观看

### 9. 包发梳

包发梳是包发造型时头发倒梳后将头发表面梳通、梳顺的必备工具。

扫码观看

10. 五针梳

　　五针梳是具有五根针的挑梳，用于发型纹理线条的整理。

扫码观看

# 三、固定造型工具

## 1. 橡皮筋

　　橡皮筋是扎束固定大区域头发常用的固定工具。

## 2. 发夹

　　发夹是对不同区域头发进行临时性固定的工具，种类很多，常用的有分区夹、分片夹、造型夹。

　　（1）分区夹。分区夹是在染、烫、吹、剪时用于大范围固定头发的夹子。

扫码观看

（2）分片夹。分片夹也称发片夹，是在染、烫、吹、剪时用于小范围固定头发的夹子。

扫码观看

（3）造型夹。造型夹质地轻巧，夹后头发光洁无痕，多用于造型时对发片进行固定。

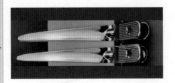

扫码观看

## 3. 紧固类夹针

常用的紧固类夹针分为直夹针、弧形夹针、波浪形夹针。

（1）直夹针。单圆头的直夹针是盘发造型常用的紧固头发的夹针。

（2）弧形夹针。弧形夹针在紧固头发的同时，更适应头部曲线，使用时夹针不会产生翘头的现象。

扫码观看

（3）波浪形夹针。用波浪形夹针紧固头发时，可以固定较厚的头发。

### 4. 松固类 U 形夹针

常用的松固类 U 形夹针分为直 U 形夹针、回钩类 U 形夹针。

（1）直 U 形夹针。直 U 形夹针常用于大块面的造型调整和固定。

扫码观看

（2）回钩类 U 形夹针。回钩类 U 形夹针是把直 U 形夹针的两头折弯的夹针，常用于固定容易松散的造型。

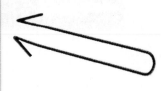

## 四、造型面罩

造型面罩是造型时为了避免喷洒类造型用品散落在顾客的面部所使用的隔离面罩。

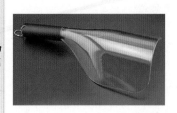

扫码观看

## 五、修剪造型工具

物体不同的组合方式可以决定不同的形态，同一个物体通过雕刻也可以改变其形态。发型修剪属于物体的雕刻范畴。因此，DX 系统把发型修剪也归属于造型范畴。

1. 美发剪刀

美发剪刀是用于剪断头发, 制造长短各异的发型层次结构和纹理线条的造型工具。

扫码观看

2. 牙剪

牙剪是用于减少头发的发量, 制造轻薄的层次结构的造型工具。

扫码观看

3. 削刀

削刀用于将头发切断, 同时得到柔和的发尾。

扫码观看

4. 色调推剪

色调推剪用于产生色调渐变的效果, 是男发修剪必备的造型工具。

**26齿**
中齿推剪　**35齿**
密齿推剪　**0°**
油头推剪

扫码观看

5. 雕刻推剪

雕刻推剪可以在短发上推剪出不同粗细的线条, 是发型雕刻必备的造型工具。

**5齿**
粗线条推剪　**2齿**
细线条推剪

扫码观看

# 第2节 造型工具的运用

在实际造型中，可以选择不同的造型工具来达到所需的效果。例如，直发造型可以用吹风机吹直，也可以用电夹板夹直；卷发造型可以用吹风机吹卷，也可以用电棒做卷。根据不同的造型要求选择不同的工具，并正确合理地运用工具，可以制作所需效果的发型。吹风造型作为工具造型的常用手段，是技术性要求较高的造型方法。

## 一、吹风机的运用

吹风工具的选择和技术运用，以及吹风的温度、角度、距离、时间等，决定了发型的轮廓、发丝的形态和方向。

### 1. 正确掌握送风方向

吹发根部位时，吹风机送风口平行于头皮并与头发保持一定距离，可以避免高温对头皮的伤害。

吹发中及发尾时，吹风机送风口不要对着头皮送风，这样可以避免高温对头皮的伤害。送风时要使热风全部吹在头发上，这样可以使头发容易成型。

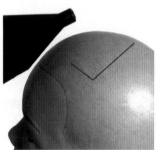

正确的送风方向　　　　　正确的送风方向　　　　　错误的送风方向

### 2. 正确掌握送风时间

送风时间要根据发质、发丝卷曲形状而定，时间要恰到好处。送风时间过长会使头发僵硬而失去自然状态，送风时间过短则发丝不能成型和发型不能持久。

### 3. 充分冷却

头发受热后延伸性会增强，此时易于改变头发的方向和曲直。头发受热后，在一定时间内仍保持温暖的状态，任何细微的活动，如换衣服、头部转动或微风吹过，甚至头发本身的重量，均会使刚吹好的发型变样。因此，吹出理想的发丝形态后马上用冷风冷却头发，可以凝固发丝形态，达到发丝定型持久的效果。一般来说，头发冷却的时间要大于送热风的时间。

### 4. 左右手的配合

吹风时，美发师左右手都能灵活使用吹风机与梳子，一般站在顾客左边时左手拿吹风机，站在顾客右边时右手拿吹风机。吹风机不能在一个部位停留时间过长，要随时调整吹风的方向和角度。

### 5. 吹风的顺序

吹风的顺序为先从后往前吹，再从下向上吹，最后吹刘海。

### 6. 发丝的吹风控制

吹发根——控制牢固度。

吹发中——控制蓬松度。

吹发尾——控制光洁度。

### 7. 吹风造型的操作程序

（1）适当吹干头发。

（2）吹梳顶部头发。

（3）吹梳后部头发。

（4）吹梳两边头发。

（5）吹梳刘海头发。

（6）吹梳周围轮廓。

（7）检查修整。

（8）定型。

扫码观看

## 二、排骨梳、九排梳的运用

排骨梳、九排梳与吹风机配合，可以将头发吹直吹顺，通过不同的技术可有效控制发根的立起角度、发中的蓬松度及发尾的光洁度，改变头发的形状和轮廓，塑造鲜明的立体感和层次感。

【**准备工具**】教习头模、吹风机、排骨梳、九排梳。

### 1. 翻

翻是指用梳子沿着一定的方向对头发进行翻梳，将头发带出一个大的流向，一般包括后翻、上翻和内翻，常用的工具是排骨梳。

（1）后翻

【**造型工艺或操作要点**】排骨梳由后向前从发根入梳，先向上提拉再向后拉梳，吹风机随时送风，多用于头顶发丝的吹风造型。

扫码观看

由后向前从发根入梳　　　　　　　　　先向上提拉再向后拉梳

（2）上翻

【**造型工艺或操作要点**】排骨梳由上至下梳到发尾时向上翻起，吹风机从下向上送风，发尾吹出外翘效果。

扫码观看

由上至下梳到发尾时向上翻起　　　　　　完成效果

（3）内翻

【造型工艺或操作要点】排骨梳放在头发下缘向内翻梳，吹风机从上向下送风，吹出内扣效果。

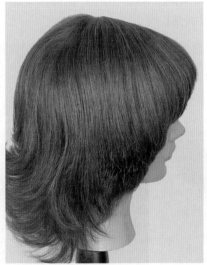

扫码观看

放在头发下缘向内翻梳　　　　　　完成效果

## 2. 转

翻和转通常是连贯的梳子操作方法，常用的工具是排骨梳。

【造型工艺或操作要点】梳子在发尾不断地进行翻转并用吹风机送风，达到强化发尾弧度的效果。

扫码观看

在发尾不断地进行翻转并用吹风机
送风

完成效果

### 3. 压

翻和压通常是连贯的梳子操作方法，常用的工具是排骨梳。

**【造型工艺或操作要点】**通过用梳子对头发进行定向折压来改变发丝的流向，梳子折压的高低决定头发的蓬松度。

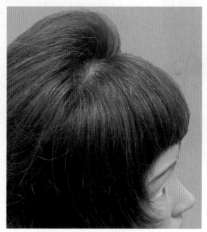

扫码观看

定向折压来改变发丝的流向

完成效果

### 4. 推

梳子作用于发根，对发根进行移位和推动，常用的工具是排骨梳。

**【造型工艺或操作要点】**推正发根并随之送风，使发根直立，从而改变发根的方向。

扫码观看

反方向推正倾斜的发根　　　　　完成效果

## 5. 刷

刷用于压低发区的蓬松度并改变头发的整体流向，常用的工具是排骨梳（九排梳或滚梳）。

【造型工艺或操作要点】梳子按照设计好的方向梳，吹风机在发区上方移动送风。

扫码观看

按照设计好的方向梳　　　　　　完成效果

## 6. 拉

拉多用于长直发的造型，常用的工具是排骨梳（九排梳或滚梳）。

【造型工艺或操作要点】吹风机由发根送风至发尾，吹发根可以控制头发的蓬松度，吹发尾可以控制头发的方向感。

扫码观看

从发根往下拉　　　　　　　　　完成效果

## 三、滚梳的运用

吹卷头发离不开滚梳的使用，滚梳可以改变发丝的形态，不同方向和位置摆放滚梳可以产生不同的卷曲效果，吹梳出不同的发型。

【准备工具】教习头模、吹风机、分区夹、毛滚梳。

### 1. 水平向上卷吹

【造型工艺或操作要点】水平取份，发片放在毛滚梳的下方，吹风机和毛滚梳配合进行水平向上卷吹，发片呈收紧向上的形态。

扫码观看

水平向上卷吹　　　　　　　　　完成效果

### 2. 水平向下卷吹

【造型工艺或操作要点】水平取份，发片放在毛滚梳的上方，吹风机和毛滚梳配合进行水平向下卷吹，发片呈饱满向下的形态。

扫码观看

水平向下卷吹　　　　　　　　完成效果

### 3. 后斜向下卷吹

【造型工艺或操作要点】后斜取份，发片放在毛滚梳的上方，吹风机和毛滚梳配合进行后斜向下卷吹，发片呈饱满向前的形态。

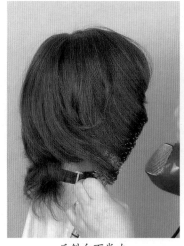 

扫码观看

后斜向下卷吹　　　　　　　　完成效果

## 4. 后斜向上卷吹

【造型工艺或操作要点】后斜取份，发片放在毛滚梳的下方，吹风机和毛滚梳配合进行后斜向上卷吹，发片呈收紧向后的形态。

后斜向上卷吹

完成效果

扫码观看

## 5. 前斜向上卷吹

【造型工艺或操作要点】前斜取份，发片放在毛滚梳的下方，吹风机和毛滚梳配合进行前斜向上卷吹，发片呈收紧向前的形态。

前斜向上卷吹

完成效果

扫码观看

### 6. 前斜向下卷吹

【造型工艺或操作要点】前斜取份，发片放在毛滚梳的上方，吹风机和毛滚梳配合进行前斜向下卷吹，发片呈饱满向后的形态。

扫码观看

前斜向下卷吹　　　　　　　　完成效果

### 7. 垂直向前卷吹

【造型工艺或操作要点】垂直取份，发片放在毛滚梳的后方，吹风机和毛滚梳配合进行垂直向前卷吹，发片呈收紧向前的形态。

扫码观看

垂直向前卷吹　　　　　　　　完成效果

### 8. 垂直向后卷吹

【造型工艺或操作要点】垂直取份，发片放在毛滚梳的前方，吹风机和毛滚梳配合进行垂直向后卷吹，发片呈饱满向后的形态。

垂直向后卷吹

完成效果

扫码观看

### 9. 螺旋卷吹

【造型工艺或操作要点】方形取份，从发根开始卷曲，毛滚梳带动头发旋转至发尾，吹风机和毛滚梳配合送风，发片呈旋转卷曲形态。

螺旋卷吹

完成效果

扫码观看

**特别提示**

1. 滚梳排列、方向组合、取份大小和角度与烫发设计中的冷烫排杠要求基本一致。

2. 卷发吹风时，吹风可以作用到发根。

3. 发片的提升角度越大，发根直立效果越好，头发就越蓬松。

4. 头发取份越薄越不容易成卷。

## 四、电棒的运用

电棒造型技术综合了烫发分区、烫发上杠、发根吹风移位、滚梳吹风四种技术，可以改变发丝的形态，制作不同效果的发型。

电棒造型的分区取份借鉴了烫发时点、线、面分区取份的方法。

电棒造型可以从发根入棒，也可以从发尾入棒。电棒造型时，采用平卷还是斜卷，以及提升角度等，都可以参考烫发造型的上杠方式。

电棒造型很难作用到发根，因此发根的吹风加固是电棒造型不可缺少的环节。

电棒造型的卷曲方向可以参考滚梳的吹风方向。

### 1. 电棒操作基础

（1）点、线、面的运用

1）点的运用——取小发束进行电棒造型，多用于头发表面的纹理造型。

2）线的运用——取发片进行电棒造型，多用于头发表面的纹理造型。

3）面的运用——取块面进行电棒造型，是底区造型常用的方式。

（2）电棒的卷曲方式。

电棒的卷曲方式可以参考烫发的上杠方式。常用的卷曲方式包括平卷卷曲、平绕卷曲、凹凸卷曲、螺旋卷曲四种。

（3）电棒的运动方式。

电棒造型时，有定棒和走棒两种运动方式。

1）定棒可以产生较牢固的卷曲效果：①电棒对头发进行卷曲后固定不动；②电棒固定不动，头发绕着电棒进行卷曲。

2）走棒可以产生较自然的造型效果。电棒卷曲头发时，采用边卷边移动的卷曲技术。

（4）电棒造型的要点

1）吹干、吹顺头发。

2）采用吹风技术对发根进行方向定位。

3）按照由下至上的造型顺序进行电棒造型。

4）按照面→线→点的顺序进行造型。

## 2. 电棒的十大造型技术

【**准备工具**】教习头模、电棒、分区夹。

（1）水平向上

【**造型工艺或操作要点**】发片放在电棒下方，电棒水平向上卷曲，发片呈收紧向上的形态。

扫码观看

| | | |
|---|---|---|
| 高角度水平向上卷曲 | 低角度水平向上卷曲 | 左右对比效果 |

（2）水平向下

【**造型工艺或操作要点**】发片放在电棒上方，电棒水平向下卷曲，发片呈饱满向下的形态。

扫码观看

| | | |
|---|---|---|
| 高角度水平向下卷曲 | 低角度水平向下卷曲 | 左右对比效果 |

（3）垂直向前

【**造型工艺或操作要点**】发片放在电棒后方，电棒垂直向前卷曲，发片呈收紧向前的形态。

发尾包裹垂直向前平卷　　　发尾向下垂直向前卷曲　　　　左右对比效果

扫码观看

（4）垂直向后

**【造型工艺或操作要点】**发片放在电棒前方，电棒垂直向后卷曲，发片呈饱满向后的形态。

发尾向下垂直向后卷曲　　　发尾向上垂直向后卷曲　　　　左右对比效果

扫码观看

（5）后斜向上

**【造型工艺或操作要点】**发片放在电棒下方，电棒前高后低卷曲，发片呈斜向收紧向后的形态。

后斜向上走棒卷曲　　　　后斜向上平绕卷曲　　　　　左右对比效果

扫码观看

（6）后斜向下

**【造型工艺或操作要点】**发片放在电棒上方，电棒前高后低卷曲，发片呈斜向饱满向前的形态。

后斜向下走棒卷曲

后斜向下走棒卷曲效果

后斜向下平绕卷曲

后斜向下平绕卷曲效果

后斜向下包裹发尾卷曲

后斜向下包裹发尾卷曲
效果

扫码观看

（7）前斜向上

**【造型工艺或操作要点】**发片放在电棒下方，电棒前斜向上卷曲，发片呈斜向收紧向前的形态。

前斜向上平绕卷曲

前斜向上走棒卷曲

左右对比效果

扫码观看

（8）前斜向下

**【造型工艺或操作要点】**发片放在电棒上方，电棒前斜向下卷曲，发片呈斜向饱满向后的形态。

扫码观看

前斜向下平绕卷曲　　　　前斜向下平卷　　　　左右对比效果

（9）凹凸走棒

**【造型工艺或操作要点】**电棒水平入棒，正反交替卷曲制造波纹纹理。

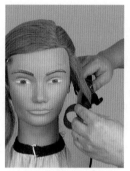

发尾水平向上卷曲　　　　发中水平向下卷曲　　　　发根水平向上卷曲

扫码观看

上下发片不对齐卷曲效果　　上下发片对齐卷曲效果　　完成效果对比

（10）螺旋走棒

**【造型工艺或操作要点】** 电棒靠近发根处入棒，手腕旋转带动电棒制造螺旋纹理线条。

扫码观看

电棒卷曲头发　　　　逆时针螺旋走棒退卷至　　　完成效果
　　　　　　　　　　　　发尾

## ❤ 特别提示

### 螺旋走棒注意事项

1. 左侧站位

左手拿棒，发尾在前，向后旋棒，流向向后。

右手拿棒，发尾在后，向前旋棒，流向向前。

2. 右侧站位

左手拿棒，发尾在后，向前旋棒，流向向前。

右手拿棒，发尾在前，向后旋棒，流向向后。

## 3. 定棒和走棒训练

**【准备工具】** 教习头模、电棒、面包梳、分区夹。

（1）走棒——波浪电棒造型

**【造型工艺或操作要点】** 运用 28 ～ 32 号电棒，通过螺旋走棒技术完成大间隔中位波浪电棒造型。

底层水平入棒，逆时针螺旋
走棒

第二层水平入棒，逆时针
螺旋走棒

后发区顶层水平入棒，
逆时针螺旋走棒

左侧底层入棒，对应后发区
第二层逆时针螺旋走棒

左侧上层入棒，对应后发区
顶层逆时针螺旋走棒

右侧分两层，用同样的方法
逆时针螺旋走棒

按照自然流向梳顺头发

正面完成效果

后面完成效果

扫码观看

031

💗 特别提示

走棒——波浪电棒造型技术要点

1. 块面取份。

2. 水平入棒。

3. 不提升角度。

4. 按同一方向走棒。

5. 每个发区下棒高度一致。

（2）定棒——波浪电棒造型

**【造型工艺或操作要点】** 运用22 ~ 25号电棒，通过垂直定棒技术完成小间隔中位波浪电棒造型。

底层垂直取份，低角度
提升发片后平绕在电棒
上定棒卷曲

底层完成效果

第二层用同样的方法与
底层同一方向定棒卷曲

第二层完成效果

顶区取份示意图

顶区与第二层同一方向
发片平绕定棒卷曲

顶区完成效果

向下梳通头发

完成效果

扫码观看

♥ 特别提示

定棒——波浪电棒造型技术要点

1. 双 U 形分区。

2. 垂直取份。

3. 垂直入棒。

4. 不提升角度。

5. 同一方向定棒卷曲。

6. 每个发区下棒高度一致。

## 五、直夹板的运用

直夹板造型可以夹直也可以夹卷头发，自由度很高。利用大小不同的直夹板，可以快速对头发进行卷曲造型。

直夹板多用于中短发的纹理造型。

直夹板比较容易靠近发根，可以改变发根的立起角度。

直夹板造型的取份大多采用片状取份。

直夹板造型时，发片可以从发根开始夹，也可以从发尾开始夹。

直夹板大体可以采用直线运动方式、弧线运动方式、卷曲运动方式和波浪运动方式。

【准备工具】教习头模、直夹板、尖尾梳、分区夹。

### 1. 直线运动方式

【造型工艺或操作要点】梳子放在夹板前面进行直线移动。

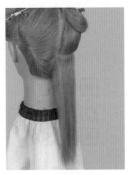

从根部开始上夹板　　　　直线拉至发尾　　　　完成效果

扫码观看

## 2. 弧线运动方式

【造型工艺或操作要点】直夹板向发尾弧线移动时动作要连贯流畅。

直夹板下拉时向内轻转　　　　拉至发尾　　　　完成向内的弧线效果

直夹板下拉时向外轻转　　　　完成向外的弧线效果

扫码观看

## 3. 卷曲运动方式

【造型工艺或操作要点】直夹板向上移动的同时卷动夹板。

 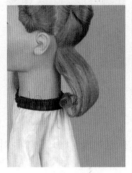 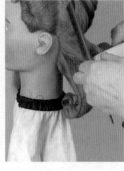 

| | | | |
|---|---|---|---|
| 直夹板靠近发尾时向内转动 | 向内卷曲效果 | 直夹板靠近发尾时向外转动 | 向外卷曲效果 |
| **水平向内卷曲** | | **水平向外卷曲** | |

| | | | |
|---|---|---|---|
| 直夹板向前转动 | 向前卷曲效果 | 直夹板向后转动 | 向后卷曲效果 |
| **垂直向前卷曲** | | **垂直向后卷曲** | |

## 4. 波浪运动方式

【造型工艺或操作要点】直夹板在发片上一正一反进行弧线移动。

发根向上翻夹

向内扣夹

向上翻夹

完成波浪纹理

## ❤ 特别提示

　　直夹板靠近头发根部造型时，停留时间不能过长。如果需要对发根部位进行造型，要用风吹散蒸汽，以免烫伤头皮。

## ✉ 课堂提问

　　1. 用于吹风的梳理造型工具有哪几种?

　　2. 电推剪有哪几种?

　　3. 简述固定造型工具及其作用。

　　4. 简述常用的电热造型工具及其作用。

　　5. 简述吹风的顺序。

　　6. 简述吹风造型的操作程序和方法。

　　7. 滚梳吹风有哪些技术?

　　8. 简述电棒造型的操作方法。

　　9. 简述直夹板造型的操作方法。

## 💡 课后练习

　　一、判断题（将判断结果填入括号中。正确的填"√"，错误的填"×"）

　　1. 排骨梳是吹风造型中的常用工具。 　　　　　　　　　　　　　　　（　　）

　　2. 排骨梳主要用于直发造型或改变发根走向。 　　　　　　　　　　（　　）

　　3. 直夹板是拉直头发的常用工具。 　　　　　　　　　　　　　　　（　　）

　　4. 平直夹板也称玉米夹板。 　　　　　　　　　　　　　　　　　　（　　）

　　5. 玉米夹板也称锯齿夹板。 　　　　　　　　　　　　　　　　　　（　　）

6. 玉米夹板是卷发拉顺的常用工具。 （　　）

7. 工具造型技法运用是造型的第二步。 （　　）

8. 工具造型技法主要是改变发型的形状，调整发型的流向。 （　　）

9. 通过夹板卷曲的头发，其光洁度和持久度都优于吹卷的头发。 （　　）

10. 使用电棒造型的缺点是不能完全作用到发根。 （　　）

11. 电棒垂直卷曲只能往前卷曲。 （　　）

12. 电棒斜向卷曲只能往后卷曲。 （　　）

13. 电棒斜向卷曲常用的是前斜向后的方向。 （　　）

14. 夹板交替方向卷曲是指夹板左右交替进行卷曲。 （　　）

15. 电棒凹凸卷曲是指电棒前后交替进行卷曲。 （　　）

16. 九排梳是卷发吹风造型的常用工具。 （　　）

17. 九排梳在吹风造型中主要用于使头发恢复自然状态。 （　　）

18. 电棒造型的卷曲方向可以参考滚梳的吹风方向。 （　　）

19. 毛滚梳常用于头发吹卷和强行拉直。 （　　）

20. 为了保证发卷成型牢固，送冷风冷却的时间要小于送热风的时间。 （　　）

21. 电棒卷曲的形态一般有卷曲形和波浪形两种。 （　　）

22. 电棒包含定棒和走棒两种运动方式。 （　　）

23. 在卷发吹风造型中，滚梳卷曲有八个造型技术。 （　　）

24. 电棒造型有八种运动方式。 （　　）

25. 电棒造型的取份与烫发和滚梳的取份是相同的。 （　　）

26. 螺旋走棒左侧站位操作方法为：左手拿棒，发尾在前，向后旋棒流向向后。

（　　）

27. 电棒高角度提升卷曲发根可以达到蓬松的效果。 （　　）

28. 取小发束进行夹板造型多用于头发表面的纹理造型。 （　　）

29. 直发吹风常用的工具是排骨梳、九排梳。 （　　）

30. 滚梳造型的取份与烫发上杠的取份是相近的。 （　　）

31. 电棒造型时不需要对发根进行吹风加固。 （　　）

32. 电棒造型的取份借鉴了烫发中点、线、面分区取份。 （　　）

33. 夹板靠近根部造型时，不能停留过长时间。 （　　）

34. 直夹板只能用于夹直头发。 （　　）

35. 夹板造型只能从发根开始夹。 （　　）

二、单项选择题（选择一个正确的答案，将相应的字母填入题内的括号中）

1. DX 系统造型技法分（　　）步。

A. 一　　　　　　B. 二　　　　　　C. 三　　　　　　D. 四

2. 四步造型技法分别是工具造型技法、梳理造型技法、徒手造型技法及（　　）造型技法。

A. 固定　　　　　B. 头饰　　　　　C. 吹风　　　　　D. 烫染机

3. 工具造型技法是四步造型技法中的第（　　）步。

A. 一　　　　　　B. 二　　　　　　C. 三　　　　　　D. 四

4. 工具造型技法需要运用不同工具和（　　）来控制发型。

A. 梳子　　　　　B. 吹风机　　　　C. 技术　　　　　D. 方法

5. 夹板卷曲的头发，它的缺点跟（　　）一样，不能完全作用到发根。

A. 冷烫　　　　　B. 电棒烫　　　　C. 吹卷　　　　　D. 陶瓷烫

6. 电棒因其造型的（　　）和方便性，已成为目前快速造型不可缺少的工具。

A. 美观性　　　　B. 简单化　　　　C. 单一性　　　　D. 便捷性

7. 通过改变发丝的形态来改变发型整体形状的是（　　）造型技法。

A. 工具　　　　　B. 梳理　　　　　C. 固定　　　　　D. 徒手

8. （　　）主要用于直发造型或改变发根走向。

A. 九排梳　　　　B. 排骨梳　　　　C. 滚梳　　　　　D. 尖尾梳

9. （　　）是卷曲、拉直及拉顺头发的常用工具。

A. 玉米夹板　　　B. 直夹板　　　　C. 锯齿夹板　　　D. 波纹夹板

10. 夹板造型的缺点是不能完全作用到（　　）。

A. 发尾　　　　　B. 发中　　　　　C. 发根　　　　　D. 发杆

11. 玉米夹板能制造（　　）的头发效果。

A. 轻柔　　　　　B. 飘逸　　　　　C. 服帖　　　　　D. 蓬松

12. 玉米夹板通常运用在（　　）造型中。

A. 吹风　　　　　B. 编扎　　　　　C. 盘束　　　　　D. 盘绕

13. 利用（　　）不同的直夹板，可以快速对头发进行卷曲造型。

A. 形状　　　　　B. 大小　　　　　C. 长短　　　　　D. 电压

14. 水平向上进行卷吹，发片呈收紧（　　）的形态。

A. 向上　　　　　B. 向下　　　　　C. 向前　　　　　D. 向后

15.后斜向上进行卷吹,发片呈收紧( )的形态。

A.向上　　　　B.向下　　　　C.向前　　　　D.向后

16.前斜向下进行卷吹,发片呈饱满( )的形态。

A.向上　　　　B.向下　　　　C.向前　　　　D.向后

17.垂直向前进行卷吹,发片呈收紧( )的形态。

A.向上　　　　B.向下　　　　C.向前　　　　D.向后

18.电棒垂直向后造型时,发片放在电棒( )。

A.上方　　　　B.下方　　　　C.前方　　　　D.后方

19.电棒后斜向上造型时,发片放在电棒( )。

A.上方　　　　B.下方　　　　C.前方　　　　D.后方

20.电棒水平向下造型时,发片放在电棒( )。

A.上方　　　　B.下方　　　　C.前方　　　　D.后方

21.电棒前斜向上造型时,发片放在电棒( )。

A.上方　　　　B.下方　　　　C.前方　　　　D.后方

22.( )的运动方式大体可分为直线、弧线、卷曲、波浪四种。

A.滚梳　　　　B.排骨梳　　　　C.直夹板　　　　D.电棒

23.滚梳吹卷头发时,取份( ),越不容易成卷。

A.越薄　　　　B.越厚　　　　C.越大　　　　D.越窄

24.夹板垂直卷曲是指夹板( )于地面进行卷曲。

A.平行　　　　B.左斜　　　　C.右斜　　　　D.垂直

25.夹板( )卷曲是指夹板平行于地面进行卷曲。

A.水平　　　　B.左斜　　　　C.右斜　　　　D.垂直

26.夹板交替方向卷曲是指夹板卷曲操作时要( )重复进行卷曲。

A.一正一反　　　　B.水平向上　　　　C.右斜向上　　　　D.垂直向下

27.( )在造型中主要用于分区。

A.九排梳　　　　B.排骨梳　　　　C.圆滚梳　　　　D.尖尾梳

28.九排梳拉力( ),是直发吹风常用的造型工具。

A.较小　　　　B.较大　　　　C.一般　　　　D.适中

29.吹风造型中用于使头发恢复自然状态的是( )。

A.九排梳　　　　B.排骨梳　　　　C.滚梳　　　　D.尖尾梳

30. 毛滚梳的拉力（　　）。

A. 较大　　　　　B. 较小　　　　　C. 一般　　　　　D. 适中

## 参考答案

### 一、判断题

| | | | | | | | |
|---|---|---|---|---|---|---|---|
| 1. √ | 2. √ | 3. √ | 4. × | 5. √ | 6. × | 7. × | 8. √ |
| 9. √ | 10. √ | 11. × | 12. × | 13. × | 14. × | 15. × | 16. × |
| 17. √ | 18. √ | 19. √ | 20. × | 21. × | 22. √ | 23. × | 24. × |
| 25. √ | 26. √ | 27. × | 28. √ | 29. √ | 30. √ | 31. × | 32. √ |
| 33. √ | 34. × | 35. × | | | | | |

### 二、单项选择题

| | | | | | | | |
|---|---|---|---|---|---|---|---|
| 1. D | 2. A | 3. A | 4. C | 5. B | 6. A | 7. A | 8. B |
| 9. B | 10. C | 11. D | 12. C | 13. B | 14. A | 15. D | 16. D |
| 17. C | 18. C | 19. B | 20. A | 21. B | 22. C | 23. A | 24. D |
| 25. A | 26. A | 27. D | 28. D | 29. A | 30. A | | |

第2章
梳理造型技法

梳理造型技法是梳理技术和造型艺术的结合。发式能否成型，是否符合设计要求，是否美观，梳理造型技法的运用是重要环节。梳理造型是整理发型的必要手段，可根据需要的效果来选择不同的梳理工具和技术。

在实际运用中，梳理方向是多样的，如日常生活发型中披散类发型主要以向下的梳理方向为主，扎盘类发型的梳理方向可以是多变的。无论梳理的方向如何变化，梳理都可分为顺梳和倒梳两种。

# 第1节　顺梳技术

顺梳就是由发根梳向发尾，是梳理造型的基本技术。运用顺梳把头发流向梳向设定的方向，以便于头发造型。

## 一、直线顺梳

直线所体现的空间、容量、变化是单一的，直线顺梳可表现线条刚性的特点。直线顺梳的方向可分为：向前或向后水平梳理方向、向上或向下垂直梳理方向、斜向前或斜向后倾斜梳理方向。发型梳理方向的变化改变着发型的造型效果。

**案例**：向后吹风造型。

向后吹风造型

【**准备工具**】教习头模、九排梳（平梳或尖尾梳）、分区夹。

## 1. 向后梳理

【**造型工艺或操作要点**】从前额和两侧额角向后梳理。

向后梳理发型　　　　　　　　　　完成效果

## 2. 向侧梳理

【**造型工艺或操作要点**】从前额向侧梳理。

向侧梳理发型

完成效果

### 3. 明分梳理

【**造型工艺或操作要点**】设定头缝位置，沿头缝向两侧分开梳理。

梳出明分头缝

完成效果

### 4. 暗分梳理

【**造型工艺或操作要点**】设定头缝位置，沿头缝向斜后方梳出不明显的头缝。

梳出不明显的头缝　　　　　　　　完成效果

## 二、曲线顺梳

曲线所体现的空间、容量、变化是多样的，曲线顺梳可表现线条柔性的特点。

### 1. C形曲线顺梳

C形曲线给人以自然、轻快、活泼的感觉。

【准备工具】教习头模、分区夹、平梳。

【造型工艺或操作要点】手臂、手肘带动手腕移动，从发根开始按C形曲线方向梳向发尾。

完成效果

## 2. S 形曲线顺梳

S 形曲线梳理是传统长波浪梳理中常用的手法。S 形曲线给人以优雅柔美、含蓄高贵的感觉。

【准备工具】教习头模、面包梳、平梳。

【造型工艺或操作要点】由正反两个 C 形线条衔接而成。

正 C 形线条梳理

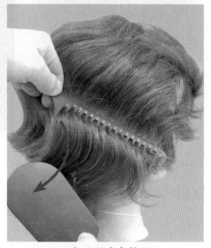
反 C 形线条梳理

一个 S 形线条

三个 S 形连贯线条

## 3. 螺旋曲线顺梳

螺旋曲线给人以华丽迷人的感觉，常用于表现发型的艺术美感。

【准备工具】教习头模、平梳（或尖尾梳）、分区夹。

【造型工艺或操作要点】身体、手臂、手肘、手腕相互配合，梳出连贯的螺旋曲线。

完成效果1

完成效果2

### 4. 回旋曲线顺梳

曲线发片给人以大气磅礴的感觉，常用于表现发型的艺术美感。

扫码观看

【准备工具】教习头模、尖尾梳、分区夹。

【造型工艺或操作要点】梳子在发片上旋转移动，旋梳出回旋曲线。

手指夹住发片曲线旋梳

连贯曲线梳理

完成旋转发片效果

发尾反方向回旋梳理

继续曲线梳理

完成S形发片效果

# 第2节　倒梳技术

　　倒梳技术是盘束造型的基础，常用密齿尖尾梳先把发片由发尾或发中梳向发根，再把发片中的短发反方向压向发根。倒梳打毛技术在造型中运用十分广泛。倒梳的作用如下：①软化头发，去除头发本身的弹力和重量；②使头发产生具有膨胀感的立体效果；③改变头发的流向，使发根更有支撑力；④增加发丝之间的黏性，便于发片衔接；⑤在视觉上有增加发量的效果；⑥便于头发的固定和造型。

扫码观看

## 一、直线倒梳

　　直线倒梳分为局部倒梳和均匀倒梳两种。

　　【准备工具】教习头模、密齿尖尾梳、分区夹。

### 1. 局部倒梳

　　局部倒梳是在发片的局部位置上打毛，打毛的位置大多靠近发根，用于增加头发的牢固度和蓬松度，也可以根据发型设计要求在发尾或发中打毛。

　　（1）高角度局部倒梳

　　【造型工艺或操作要点】发片正常提升，用密齿尖尾梳在小区域内倒梳，产生局部膨胀感。

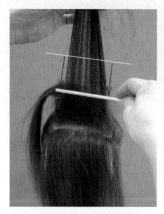

发根高角度局部倒梳

完成效果

扫码观看

（2）低角度局部倒梳

【**造型工艺或操作要点**】在不提升角度的发区用密齿尖尾梳倒梳头发根部固定发根的流向。

发根低角度局部倒梳

完成效果

扫码观看

## 2. 均匀倒梳

【**造型工艺或操作要点**】把发片从发根到发尾都均匀打毛，能使松散和分开的头发聚在一起，达到均匀增加头发蓬松度的效果，多用于发片的造型处理。

倒梳至离发根 5 cm 左右

倒梳至离发根 10 cm 左右

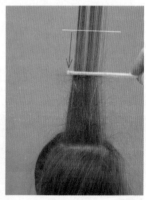

倒梳至离发根 15 cm 左右

扫码观看

倒梳至离发根 20 cm 左右　　　　完成发片均匀倒梳

## 二、曲线倒梳

扫码观看

【准备工具】教习头模、密齿尖尾梳、分区夹。

【造型工艺或操作要点】采用梳子逐渐转弯的手法倒梳。

发根倒梳　　　　发中曲线倒梳　　　　发尾曲线倒梳　　　　完成效果

## ✉ 课堂提问

1. 曲线顺梳分为哪几种？

2. 倒梳技术的作用是什么？

3. 倒梳技术分为哪几种？

美发师
四步造型技法

## 课后练习

**一、判断题（将判断结果填入括号中。正确的填"√"，错误的填"×"）**

1. 倒梳技术主要用于盘束造型。 （　）

2. 倒梳可以去除头发本身的弹力和重量。 （　）

3. 倒梳技术可分为直线倒梳、曲线倒梳和弧线倒梳。 （　）

4. 直线倒梳有均匀倒梳和局部倒梳两种。 （　）

5. 曲线倒梳是指倒梳时梳子的位置逐渐转弯。 （　）

6. 尖尾梳在造型中只有分区的作用。 （　）

7. 尖尾梳在造型中不但用于分区，还可用于倒梳发片。 （　）

8. 梳理造型是整理发型必要的手段。 （　）

9. 顺梳技术分为直线顺梳和S形顺梳两种。 （　）

10. 顺梳是由发根梳向发尾的梳理技术。 （　）

11. 直线顺梳可表现线条刚性的特点。 （　）

12. 直线梳理只有向前或向后水平梳理方向两种。 （　）

13. 曲线梳理的方向可分为C形和S形两种。 （　）

14. 曲线顺梳可表现线条柔性的特点。 （　）

15. 倒梳是向发根逆向梳理的技术。 （　）

16. 倒梳技术是扎发造型的基本技术。 （　）

17. 局部倒梳是曲线倒梳的一种。 （　）

18. 倒梳时梳子的位置逐渐转弯的是直线倒梳。 （　）

19. 把发片从发根到发尾都均匀打毛的是均匀倒梳。 （　）

20. 均匀倒梳多用于发片的造型处理。 （　）

21. 在发片局部位置打毛的是局部倒梳。 （　）

22. 局部倒梳打毛位置可以在发根、发中或发尾。 （　）

**二、单项选择题（选择一个正确的答案，将相应的字母填入题内的括号中）**

1. 在造型中主要用于倒梳的工具是（　　）。

A. 九排梳　　　　B. 排骨梳　　　　C. 圆滚梳　　　　D. 尖尾梳

2. 梳理造型技法是梳理技术和（　　）艺术相结合的技艺。

A. 造型　　　　B. 吹风　　　　C. 修剪　　　　D. 手法

3. 梳理造型的技法可分为顺梳技术和（　　）。

A. 直发顺梳　　　　B. 曲线顺梳　　　　C. 均匀倒梳　　　　D. 倒梳技术

4. 运用（　　）把头发流向梳向设定的方向便于发型成型。

A. 顺梳　　　　B. 直线顺梳　　　　C. 曲线顺梳　　　　D. 倒梳

5. 发型梳理方向的变化改变着发型的（　　）。

A. 纹理　　　　B. 形状　　　　C. 造型　　　　D. 蓬松度

6. 梳理形状可分为 C 形、S 形、螺旋形等的是（　　）梳理。

A. 曲线　　　　B. 直线　　　　C. 弧线　　　　D. 斜线

7. 给人以年轻、朝气、轻快、活泼感觉的是（　　）曲线。

A. C 形　　　　B. S 形　　　　C. 凸形　　　　D. 螺旋形

8. 倒梳打毛技术在造型中运用十分广泛，其作用有（　　）个。

A. 3　　　　B. 4　　　　C. 5　　　　D. 6

9. 倒梳是把发片中短发反方向压向发根，制造（　　）的效果。

A. 蓬松　　　　B. 服帖　　　　C. 凌乱　　　　D. 动感

10. 直线倒梳一般有（　　）种。

A. 10　　　　B. 8　　　　C. 9　　　　D. 2

11. 直线均匀倒梳能使（　　）和分开的头发聚在一起。

A. 松散　　　　B. 稀少　　　　C. 细软　　　　D. 粗硬

12. 曲线倒梳能改变头发的（　　）。

A. 方向　　　　B. 体积　　　　C. 空间　　　　D. 纹理

13. 倒梳能消除头发本身的（　　）。

A. 方向　　　　B. 流向　　　　C. 弹力　　　　D. 支撑力

14. （　　）倒梳多用于发片的造型处理。

A. 均匀　　　　B. 局部　　　　C. 曲线　　　　D. S 线

15. 均匀倒梳能在视觉上起到（　　）效果。

A. 改变方向　　　　B. 增加发量　　　　C. 支撑发根　　　　D. 减少发量

16. 局部倒梳是在发片的（　　）位置进行打毛。

A. 发根　　　　B. 发中　　　　C. 发尾　　　　D. 局部

17. 打毛的位置在（　　），可以增加头发的牢固度和蓬松度。

A. 发根　　　　B. 发中　　　　C. 发尾　　　　D. 局部

18. 无论梳理的方向如何变化，都可分为（　　）种。

A. 2                    B. 3                    C. 4                    D. 5

19. 顺梳就是由发根梳向发尾的（    ）技术。

A. 整理                B. 梳理                C. 造型                D. 拉梳

20. 顺梳技术可分为（    ）种。

A. 3                    B. 2                    C. 5                    D. 4

21. 倒梳技术可分为（    ）种。

A. 3                    B. 2                    C. 5                    D. 4

22. 顺梳技术可以把头发（    ）梳向设定的方向。

A. 纹理                B. 发根                C. 发尾                D. 流向

23. 曲线顺梳的形状可分为（    ）种。

A. 5                    B. 6                    C. 3                    D. 4

24. 在传统长波浪的梳理中常用的是（    ）。

A. C 形方向           B. S 形方向           C. 螺旋曲线           D. 波浪形曲线

25. 螺旋曲线给人以华丽迷人的感觉，常用在（    ）发型中。

A. 生活类             B. 舞台类             C. 宴会类             D. 艺术类

26. 倒梳时梳子的位置逐渐转弯的是（    ）倒梳手法。

A. 局部               B. 均匀               C. 曲线               D. 螺旋形

27. 均匀倒梳多用于（    ）的造型处理。

A. 区域               B. 发根               C. 发尾               D. 发片

28. 倒梳可以改变头发的方向，使发根更（    ）。

A. 有弹力             B. 饱满               C. 有支撑力           D. 有活力

29. 直线倒梳分为均匀倒梳和（    ）倒梳。

A. 局部               B. 全部               C. 发根               D. 发尾


参考答案


一、判断题

1. √        2. √        3. ×        4. √        5. √        6. ×        7. √        8. √

9. ×        10. √       11. √       12. ×       13. ×       14. √       15. √       16. ×

17. ×       18. ×       19. √       20. √       21. √       22. √

二、单项选择题

| | | | | | | | |
|---|---|---|---|---|---|---|---|
| 1. D | 2. A | 3. D | 4. A | 5. C | 6. A | 7. A | 8. D |
| 9. A | 10. D | 11. A | 12. A | 13. C | 14. A | 15. B | 16. D |
| 17. A | 18. A | 19. B | 20. B | 21. B | 22. D | 23. D | 24. B |
| 25. D | 26. C | 27. D | 28. C | 29. A | | | |

# 第3章
# 固定造型技法

发型基本造型完成后需要对造型进行固定，这样才能更好地保持发型的形状。固定造型的方法很多，发胶可以固定梳理好的发型，发蜡可以在固定头发的同时体现纹理流向和发束感，夹针可以在盘发中用于固定梳理好的头发形状，造型时要根据需要来选择相应的工具和用品。固定造型的方法会直接影响发型的效果及持久性。

造型时需要准备专用的造型工具盒，用于存放各种齿距的尖尾梳、包发梳，以及各种类型的夹针、造型夹、强磁手腕等。

造型工具盒

强磁手腕

吸附金属造型工具

# 第1节  用品固定技术

造型用品可分为造型前使用、造型定型中使用和造型后使用的用品，使用后会在头发上形成一层定型保护膜。为使发型保持理想和持久的效果，要根据发质、发型选择相适应的造型用品。造型用品有定型的、体现纹理的、保湿的等，选择运用不当，做出来的发型会僵硬不自然或持久性不佳。

## 一、喷洒类造型用品的运用

喷洒方式有定位点喷和移动喷洒两种。定位点喷适用于局部区域的造型，移动喷洒适用于较大范围的造型。

1. 发胶适用于干发，具有较强的定型作用。

2. 啫喱水适用于干发或半干发，具有体现束状纹理和定型的作用。

3. 发油适用于干发或半干发，达到光洁纹理的效果。

扫码观看

【造型工艺或操作要点】均匀喷洒是关键，喷洒不均匀则头发造型不好控制。一般以距头发 30 cm 左右的喷洒距离为宜。

造型前

点喷造型

完成效果

## 特别提示

1. 造型时，头发先均匀喷洒发胶，再吹干，最后进行造型处理，这样可以去掉头发本身的弹力和重量，达到软化头发的作用，便于美发师控制头发。

2. 头发需要强力支撑时，发胶要少量多次喷在发根部位并马上烘干，这样头发就比较容易达到持久牢固的造型。

## 二、涂抹类造型用品的运用

涂抹类造型用品的局部均匀涂抹是使用的关键，使用时可先在手掌上抹开，再渐渐地涂进头发里，由内向外涂抹在头发的发中和发尾，需要少量多次涂抹，但不适合涂抹在发根（除特殊要求）。涂抹类造型用品涂抹时可以与徒手造型相配合，运用在短发和中长发上，短发可以加强头发的支撑力，体现头发的束状感，中长发可以体现发丝的流向，强化纹理线条。

扫码观看

### 1. 摩丝、膏状啫喱

【造型工艺或操作要点】适用于干发或湿发，用拍打的形式涂抹，可以加强头发的纹理感，并有一定的定型作用。

造型前

拍打涂抹用品

完成效果

### 2. 发蜡

【造型工艺或操作要点】适用于干发，是常用的造型用品，可以加强头发的纹理感，并有一定的定型作用。

手抓涂抹用品　　　　　　　完成效果

# 第2节　工具固定技术

紧固类夹针、松固类夹针和橡皮筋是常用的固定工具。

## 一、紧固类夹针

紧固类夹针常用于紧致地固定造型。造型中，单个夹针达到的固定效果是有限的，多个夹针的组合运用是固定头发的关键。紧固类夹针常用的固定技术有四种，即十字夹、井字夹、十字连环夹和发尾缠绕。

【**准备工具**】教习头模、紧固类夹针、尖尾梳。

### 1. 十字夹

【**技术特点**】用于避免发片左右滑落。

【**造型工艺或操作要点**】两个夹针交叉对夹，注意均衡。

十字夹　　　　　　　扫码观看

## 2. 井字夹

【技术特点】用于有效固定收紧的较厚发片。

【造型工艺或操作要点】每个夹针必须将上一个夹针的开口夹住。

扫码观看

井字夹

## 3. 十字连环夹

【技术特点】用来固定大片的头发。

【造型工艺或操作要点】每个夹针必须将上一个夹针的开口夹住。

扫码观看

十字连环夹

## 4. 发尾缠绕

【技术特点】可以很好地固定发尾。

【造型工艺或操作要点】先将发尾缠绕在夹针上，再用夹针将发尾固定在头发上。

扫码观看

发尾缠绕

## 二、松固类夹针

松固类夹针主要以大小不同的 U 形夹针为代表，主要用于调整和固定头发的形状，制作的造型自然随意。

U 形夹针分为硬质类 U 形夹针、软质类 U 形夹针等。硬质类 U 形夹针常用于大面积造型的调整和固定；软质类 U 形夹针常用于局部造型的细软发调整和固定。

U 形夹针常用的固定方法有三种，即直插、回钩和画圈造型。

【准备工具】教习头模、U 形夹针、橡皮筋、尖尾梳。

### 1.U 形夹针直插

【技术特点】可以很好地解决造型细节调整和固定问题。

【造型工艺或操作要点】U 形夹针直插后，先逆时针别转再下插固定。

扫码观看

插入头发　　　　　　　逆时针别转　　　　　　　完成固定

### 2.U 形夹针回钩

【技术特点】可以很好地解决松散造型的固定问题。

【造型工艺或操作要点】U 形夹针回钩可以是双回钩，也可以是单回钩。

扫码观看

别出回钩

固定造型

完成效果

### 3.U形夹针画圈造型

扫码观看

【技术特点】造型的灵活性很大。

【造型工艺或操作要点】利用手腕的运动来完成画圈造型。

插入头发

钩住头发并顺时针向上画圈

回钩固定

## 三、橡皮筋

橡皮筋固定头发常用于束发造型，方法有两种，一是直接用橡皮筋环套固定，二是用两个夹针穿入橡皮筋进行扎束固定。

【准备工具】教习头模、U形夹针、橡皮筋、尖尾梳。

### 1. 橡皮筋环套扎束

橡皮筋环套扎束是传统的头发扎束固定方法，适用于小范围头发扎束。

扫码观看

【造型工艺或操作要点】手腕左右交替运动完成橡皮筋环套扎束。

左手环抱捏着发束，右手
食指和大拇指撑开橡皮筋

右手环抱捏着发束套入
橡皮筋

将头发穿入橡皮筋圈内

左手食指和大拇指拧转
橡皮筋

环抱捏着发束

将头发穿入橡皮筋圈内

用同样的方法右手环抱捏着
发束

将头发穿入橡皮筋圈内

回拉紧固

## 2. 橡皮筋和夹针扎束

橡皮筋和夹针扎束后拆除橡皮筋十分方便，只要把任意一个夹针抽出来即可。

【造型工艺或操作要点】橡皮筋必须缠绕两圈以上才能扎束紧致。

扫码观看

橡皮筋上穿两个夹针，一个夹针插入发束根部　　橡皮筋缠绕发束根部后把另外一个夹针插入发束根部　　完成扎束效果

马尾采用橡皮筋和夹针扎束，看上去简单，操作起来却有较高难度。

扫码观看

低位马尾　　中位马尾　　高位马尾

【**造型工艺或操作要点**】吹风定位→梳理发束→发胶清边→扎固发束→回拉紧固。

（1）低位马尾扎束

扫码观看

梳理　　　　　　　　　扎束　　　　　　　　　回拉

（2）中位马尾扎束

扫码观看

梳理　　　　　　　　　扎束　　　　　　　　　回拉

（3）高位马尾扎束

扫码观看

梳理　　　　　　　　　扎束　　　　　　　　　回拉

## 课堂提问

1. 简述固定造型技法的含义？

2. 橡皮筋固定有几种常用的方法？

3. 十字夹的作用是什么？

4. 井字夹的作用是什么？

5. 十字连环夹的作用是什么？

6. 扎束马尾的操作流程是什么？

## 课后练习

一、判断题（将判断结果填入括号中。正确的填"√"，错误的填"×"）

1. 固定造型技法一般有用品固定、夹针固定、橡皮筋固定等。　　　（　　）

2. 常用的夹针有紧固类夹针、松固类夹针和∪形夹针三种。　　　（　　）

3. 紧固类夹针常用于牢固紧致地固定造型。　　　（　　）

4. 在造型时用单个紧固类夹针起到的固定作用是有限的。　　　（　　）

5. 紧固类夹针只有多个夹针组合运用才能牢固地固定头发。　　　（　　）

6. 十字夹是用于避免发片左右移动的固定技术。　　　（　　）

7. 十字连环夹是用于固定大片头发的固定技术。　　　（　　）

8. 井字夹是用于避免发片左右移动的固定技术。　　　（　　）

9. 井字夹是用于有效固定和收紧较厚发片的固定技术。　　　（　　）

10. 松固类夹针主要以大小不同的∪形夹针为代表。　　　（　　）

11. ∪形夹针分为硬质类∪形夹针、软质类∪形夹针等。　　　（　　）

12. 硬质类∪形夹针常用于大面积造型的调整和固定。　　　（　　）

13. 硬质类∪形夹针比较适合发量少或细软头发造型。　　　（　　）

14. 软质类∪形夹针常用于局部造型的细软发造型。　　　（　　）

15. 回钩类∪形夹针常用于固定容易松散的造型。　　　（　　）

16. 硬质类∪形夹针常用于小面积造型的调整和固定。　　　（　　）

17. 造型用品可分为造型前使用、造型定型中使用、造型后使用的用品。　　　（　　）

18. 造型用品会在头发上形成一层定型保护膜。　　　（　　）

19. 造型用品可调整发型的形态并持久保持。　　　（　　）

20. 造型用品选择运用不当，会使做出的发型僵硬或起不到定型的效果。　　　（　　）

21. 均匀喷洒是喷洒类造型用品使用的关键。　　　（　　）

22. 均匀涂抹是膏状造型用品使用的关键。 （    ）

23. 摩丝、膏状啫喱适用于干发或湿发。 （    ）

24. 发蜡能加强头发的纹理感，且有一定的定型作用。 （    ）

二、单项选择题（选择一个正确的答案，将相应的字母填入题内的括号中）

1. 在造型中用单个紧固类夹针起到的固定作用是（    ）的。

A. 有限　　　　　　B. 最佳　　　　　　C. 较好　　　　　　D. 牢固

2. 十字连环夹是用于固定（    ）头发的固定方法。

A. 束状　　　　　　B. 小块面　　　　　C. 大片区域　　　　D. 片状

3. （    ）是用于有效固定收紧较厚发片的固定方法。

A. 井字夹　　　　　B. 连环夹　　　　　C. 十字连环夹　　　D. 虚夹

4. 松固类夹针主要以大小不同的 U 形夹针为代表，一般可分为（    ）种。

A. 8　　　　　　　　B. 2　　　　　　　　C. 9　　　　　　　　D. 6

5. 松固类夹针主要用于调整和固定头发的（    ）。

A. 形状　　　　　　B. 结构　　　　　　C. 纹理　　　　　　D. 蓬松度

6. 硬质类 U 形夹针常用于（    ）造型的调整和固定。

A. 小范围　　　　　B. 大块面　　　　　C. 顶部　　　　　　D. 侧部

7. 常用于固定容易松散的造型的是（    ）。

A. 硬质类 U 形夹针　　　　　　　　B. 软质类 U 形夹针

C. 回钩类 U 形夹针　　　　　　　　D. 专业圆头夹针

8. 把 U 形夹针两边折弯进行造型的是（    ）。

A. 硬质类 U 形夹针　　　　　　　　B. 软质类 U 形夹针

C. 回钩类 U 形夹针　　　　　　　　D. 专业圆头夹针

9. 软质类 U 形夹针常用于局部造型的（    ）调整。

A. 细软发　　　　　B. 纹理　　　　　　C. 方向　　　　　　D. 蓬松度

10. 使用喷洒类造型用品时，喷嘴距离头发（    ）cm 为佳。

A. 10　　　　　　　B. 20　　　　　　　C. 30　　　　　　　D. 40

参考答案

一、判断题

1. √　　2. ×　　3. √　　4. √　　5. √　　6. √　　7. √　　8. ×

9. √    10. √    11. √    12. √    13. ×    14. √    15. √    16. ×

17. √    18. √    19. √    20. √    21. √    22. √    23. √    24. √

二、单项选择题

1. A    2. C    3. A    4. B    5. A    6. B    7. C    8. C

9. A    10. C

第 4 章
# 徒手造型技法

徒手造型主要是对发型进行细化调整。在盘束造型中编发、卷发操作后，徒手造型使发型更精致美观。凡是直接运用手的技术来打理发型的形状，都可称为徒手造型。徒手造型需要手法与定型方法（包括造型用品定型和吹风定型）配合使用。

## 第1节　手指造型技术

手指造型技术常用在吹风过程中或吹风后，用于对发型细节进行调整。

【**准备工具**】教习头模、吹风机、排骨梳（滚梳）。

### 一、手梳造型

【**造型工艺或操作要点**】先将头发吹出流向，再以手指梳理发丝，制造粗纹理线条。

扫码观看

吹出头发流向　　　　　手指梳理造型　　　　　完成效果

## 二、手拉造型

【造型工艺或操作要点】先将头发吹出流向，再用手指将头发的纹理线条拉出来，最后调整发型轮廓和发丝流向。

扫码观看

原来效果　　　　　手拉造型　　　　　完成效果

## 三、手揉造型

【造型工艺或操作要点】手弓形顺发流揉动（做旋转运动），并随时送风，可以膨胀发型轮廓，制造较凌乱的发丝流向。

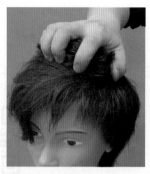
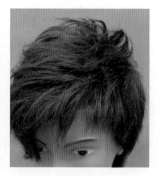

手揉造型　　　　　　　　完成效果　　　　　　　　扫码观看

## 四、手压造型

【造型工艺或操作要点】用手压住头发，可以起到收缩发型轮
廓、固定发丝流向的作用。

扫码观看

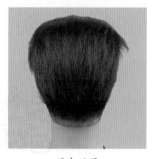
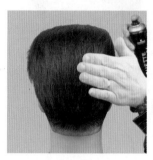

原来效果　　　　　　　　手压造型　　　　　　　　完成效果

## 五、手拧造型

【造型工艺或操作要点】先在发束处加热送风，再将发束拧转，
最后冷却定型，可以膨胀发型轮廓和制造凌乱纹理。

扫码观看

加热发束　　　　　　　　拧转送风　　　　　　　　完成效果

## 六、手抓造型

手抓造型是指先五指分开抓弯头发再随之送风，最后用造型用品来强化其效果。

### 1. 正抓可以使发根蓬松

扫码观看

【造型工艺或操作要点】手掌贴于头皮，用手指将头发顺着发丝流向回抓并用吹风机送风造型，多用于动感区纹理缔造、发型轮廓调整。

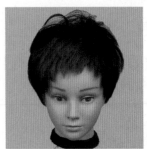

原来效果　　　　　　　　正抓造型　　　　　　　　完成效果

### 2. 反抓可以使发尾外翘

扫码观看

【造型工艺或操作要点】手指向上伸入头发逆着发丝流向反转后用吹风机送风造型，多用于制造量感区纹理外翻的效果。

原来效果　　　　　　　　反抓造型　　　　　　　　完成效果

## 七、手钩造型

【造型工艺或操作要点】用手指钩出发束，使头发的纹理线条更加明显。

扫码观看

手指钩出纹理

细节调整

完成效果

## 八、手推造型

【造型工艺或操作要点】用手指将头发回推，释放头发的弹性，制造纹理线条，调整发型轮廓形状。

扫码观看

原来效果

手推造型

完成效果

## 九、回压造型

【造型工艺或操作要点】先在发片根部送风，然后回压冷却成型，用于垫高发根，制造发根的立起效果。

扫码观看

发根送风

回压冷却

发根立起

## 十、甩卷造型

甩卷造型是在低层次微卷的长发造型时使用的一种徒手造型方法。

【造型工艺或操作要点】先在发际线处拉出一小束头发，再将上面的头发绕在发束上，然后用吹风机反复送风，最后冷却成型，用于制造自然柔顺的发卷。

左侧后颈角拉出一小束头发

向后甩卷

反复甩卷送风

吹干后捏住发卷冷却

完成向后流向的发卷

后发际线中间拉出一小束
头发

向前甩卷造型

完成向前流向的发卷

扫码观看

# 第2节　编发造型技术

编发是用不同股数的发束进行编辫，股数不同编织的方法也略有不同，但其原理大同小异，会形成形态各异的编发形状。

## 一、编发的分类

编发可以采用单编法、加编法、减编法。

### 1. 单编法

单编法是编发的基础操作技术,按照设定好的编织方法从发根编至发尾,中间不添加或减少头发,可以分为整体单编法和多束单编法。

整体单编法

多束单编法

### 2. 加编法

加编法是按照设定好的编织方法中间不断添加头发进行编织,可以分为双向加编法和单向加编法。

双向加编法

单向加编法

### 3. 减编法

减编法是按照设定好的编织方法中间不断留出发束进行编织,可以分为双向减编法和单向减编法。

双向减编法          单向减编法

## 二、编织发辫的方法

【准备工具】教习头模、夹针、尖尾梳、橡皮筋。

### 1. 单股拧辫

单股拧辫是用一束头发进行拧转造型，需要较高的技术，可以采用三种方法进行编织。

扫码观看

（1）单拧法：把一束头发拧转后进行造型   （2）顺拧法：顺着设定的区域进行拧转造型   （3）反拧法：沿着设定的区域进行反拧造型，留出发尾

## 2. 双股扭辫（麻花辫、两股扭辫）

【造型工艺或操作要点】先将两束头发向同一方向扭转，然后绞拧在一起成型。

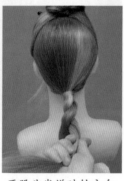

扫码观看

每股头发顺时针方向扭转　　两股头发逆时针方向　　　完成效果
　　　　　　　　　　　　　　　绞拧

## 3. 双股扁辫（鱼尾辫、鱼骨辫、两股扁辫）

【造型工艺或操作要点】先分出两股头发，再分出两股头发在中间交叉并不断重复编织。

分成两股　　　　从左侧分出一股头发　　　从右侧分出一股头发　　　合成两股
　　　　　　　　　放在中间　　　　　　　放在中间

从左侧分出一股头发放在中间，依次类推进行编织

完成效果

扫码观看

### 4. 三股辫

（1）三股反手正辫

【造型工艺或操作要点】将两股一侧最外边的发束反手拧转，从下面向另一侧编织。发辫凸显在头发外面，因此称为正辫。

两指分三股

第二股放在第一股上面

第三股放在第一股下面

左手食指放在第二、三股中间

逆时针拧转手腕

右手食指放在第二、三股中间

逆时针拧转手腕

依次类推进行编织

077

扫码观看

完成效果

（2）三股正手反辫

**【造型工艺或操作要点】**将两股一侧最外边的发束顺手从上面向另一侧编织。发辫隐藏在头发里面，因此称为反辫。

两指分三股

第二股放在第一股下面

第三股放在第一股上面

左侧最外边一股放在中间

右侧最外边一股放在中间，
依次类推进行编织

完成效果

扫码观看

## 5. 四股辫

### (1) 四股扁辫

**【造型工艺或操作要点】**左侧正手编织，右侧反手编织。

三指分四股

第三股放在第二股上面、
第一股下面

第四股放在第二股下面、
第一股上面

左侧正手编织

右侧反手编织，依次类推
进行编织

完成效果

扫码观看

### (2) 四股圆辫

**【造型工艺或操作要点】**用"小挑上、中挑下"的编织手法进行编织。

三指分四股

左一右三捏手中

左手小指挑右上

左手中指挑右下

右一左三捏手中

右手小指挑左上

右手中指挑左下

依次类推进行编织

完成效果

扫码观看

## 6. 五股辫

### （1）五股反手正辫

**【造型工艺或操作要点】** 最外边的两股发束反手拧转后在中间交织。发辫凸显在头发外面，因此称为正辫。

四指分五股

第三股放在第二股下面、
第一股上面

第四股放在第二股上面、
第一股下面

第五股放在第二股下面、
第一股上面

左侧最外边发束逆时针
拧转，反手编织

右手食指放在最外边两
股中间，顺时针拧转

左手中指钩住右侧最外
边发束

依次类推进行编织

完成效果

扫码观看

（2）五股正手反辫

【造型工艺或操作要点】最外边的两股发束向上编织，并在中间交织。发辫隐藏
在头发里面，因此称为反辫。

四指分五股

第三股放在第二股上面、
第一股下面

第四股放在第二股下面、
第一股上面

第五股放在第二股上面、
第一股下面

| 右手大拇指将中间的发束抬起 | 左侧最外边的发束放在旁边一股上面、中间一股下面 | 右侧用同样的方法，最外边的发束放在旁边一股上面、中间一股下面 | 依次类推进行编织 |

完成效果

扫码观看

## 7. 千织辫

【造型工艺或操作要点】将头发分成很多股进行编织，有千丝万缕的造型感。

扫码观看

| 起三手编（左一股、右两股） | 加一股头发，交叉穿过右两股，此时左边也变成两股头发 | 将左边两股头发最上面的一股头发放下，此时右边变成三股头发 | 加一股头发交叉穿过右三股，此时左边又变成两股头发 |

| 左边最上面的一股头发放下，加一股头发，交叉穿过右边四股头发 | 依次用同样的方法进行多股交叉编织 | 完成多股编织 | 将发束均匀拉开 |

| 发尾汇合向后 | 发尾固定在头顶 | 其余的头发向上拧包，发尾绕于头顶 | 完成效果 |

# 第 3 节　拉花造型技术

拉花造型常用在头发扎束或编织后，可以变化和拓展造型效果。

【准备工具】教习头模、紧固类夹针、U 形夹针、尖尾梳、橡皮筋。

扫码观看

## 一、裂变拉花

### 1. 对折拉花

马尾对折扎束

上下交错后拉出大块的发束

每个发束进行裂变拉花

完成效果

### 2. 发卷拉花（也称卷筒拉花）

制作发卷

裂变拉花

完成效果

扫码观看

## 二、发辫拉花

【造型工艺或操作要点】发辫拉花是在经典发辫上的时尚造型拓展，发辫的股数越多，展现出来的花形也越丰满，形态也越具象。

## 1. 单股辫拉花

单股拧转

均匀拉出发片

固定发根

整体环绕固定

调整形状

完成效果

扫码观看

## 2. 双股辫拉花

两股拧转

均匀拉出发片

固定发根

整体环绕固定

扫码观看

调整形状 完成效果

### 3. 三股辫拉花

编三股辫 左右拉出发片 固定发根 整体环绕固定

扫码观看

调整形状 完成效果

## 4. 四股辫拉花

编四股圆辫

从发根开始拉出发片

上下左右全部拉出发片

整体环绕固定

调整形状

完成效果

扫码观看

## 5. 五股辫拉花

编五股辫

拉出发片

固定发根

整体环绕固定

扫码观看

调整形状　　　　　　　完成效果

# 第4节　抽丝造型技术

抽丝造型要结合拉花的手法来进行，抽丝造型的变化具有不确定性，要根据实际情况来设定形状。

【准备工具】教习头模、紧固类夹针、尖尾梳、橡皮筋。

## 一、单股直发抽丝

扫码观看

直发拧转　　　　　发尾抽丝并固定　　　　　完成效果

## 二、单股卷发抽丝

抽丝固定      拉花调整      完成效果      扫码观看

## 三、双股辫抽丝

### 1. 双股辫抽丝旋绕

扫码观看

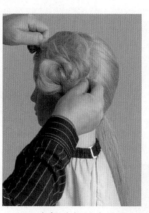

双股辫抽丝到底      发根旋绕固定      完成效果

## 2. 双股辫抽丝悬挂

双股辫抽丝到一半

悬挂固定

完成效果

## 四、三股辫大抽丝

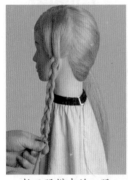
抽三股辫中的一股

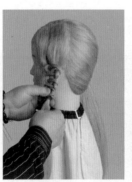
用橡皮筋固定

上面拉出发花

下面一股拧转抽丝

悬挂固定并调整造型

完成效果

扫码观看

# 第5节　发片造型技术

发片造型的手法很多，能用少量的头发来制造较大的头发体积效果。

## 一、发片卷筒

发片卷筒是指将小面积的发片运用不同的手法来制作形态各异的卷筒。

【准备工具】教习头模、发夹、紧固类夹针、尖尾梳。

### 1. 卧式卷筒

【造型工艺或操作要点】用发尾对折法将发片包卷出卧式的卷筒。

发尾对折　　　　　　　对折向上　　　　　　　完成效果　　　　　　扫码观看

### 2. 立式卷筒

【造型工艺或操作要点】用卧式卷筒摆放出立式的效果。

卧式卷曲　　　　　卷至靠近发根　　　　　完成效果　　　　　扫码观看

### 3. 层次卷筒

【造型工艺或操作要点】一片发片卷到一半，包卷出两个不同的卷筒。

扫码观看

卷筒卷至发中　　　　　完成效果　　　　　层次卷筒在造型中的运用

### 4. 双重卷筒

【造型工艺或操作要点】用一片发片包卷出两个卧式卷筒。

扫码观看

根部做卷筒　　　　　发尾做卷筒　　　　　完成效果

### 5. 飞尾卷筒

【造型工艺或操作要点】卷筒发尾折转，做出飘逸的发尾造型。

扫码观看

根部做卷筒　　　　　发尾做飞尾　　　　　完成效果

### 6. 玫瑰卷筒

【造型工艺或操作要点】用发片的根部做出一个瘦长的立式卷筒，剩余发片在立式卷筒的周围绕出螺旋卷筒。

以指为轴做出花心

拉出喇叭形发片

发片环绕花心

拉出喇叭形发片

完成效果

扫码观看

## 二、发片波纹

【准备工具】教习头模、吹风机、烘罩、毛滚梳、造型夹、尖尾梳、橡皮筋。

### 1. 发片 S 形波纹

发片 S 形波纹是用卷发的自然弧度进行推梳产生的效果。

【造型工艺或操作要点】C 形的梳理方向是造型的要点。

吹卷发片

向侧梳顺发片，回推出
第一浪，用造型夹固定

反方向回推出第二浪

用造型夹固定第二浪

反方向回推出第三浪

用造型夹固定第三浪

发尾收圆

正面完成效果

侧面完成效果

扫码观看

## 2. 发区 S 形波纹

发区 S 形波纹是利用大区域的直发进行推梳产生的效果。

【造型工艺或操作要点】C 形梳理方向是造型的要点。

刘海发区用大拇指向前
推出第一浪

用造型夹固定

梳子推出第二浪

用造型夹固定

梳子推出第三浪

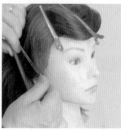

用造型夹固定

清边、定型

拆造型夹

扫码观看

完成效果

### 3. 立式 S 形波纹

立式 S 形波纹可以运用在大面积的区域，也可以运用在发片上。

【造型工艺或操作要点】对发片进行均匀倒梳，发片左右交替摆放形成向上的立式 S 形波纹。

扫码观看

发片向左摆放固定　　　　发片向右摆放固定　　　　完成立式 S 形波纹

# 第 6 节　包发造型技术

【准备工具】教习头模、紧固类夹针、尖尾梳、造型夹。

## 一、拧包造型

【造型工艺或操作要点】不需要对头发进行倒梳，直接运用拧的手法对头发进行造型和固定。

垂直拿捏发束

斜条状拧转发尾

定点向上拧转

拧转至头顶，用夹针固定

侧面完成效果

后面完成效果

扫码观看

## 二、折叠包造型

【造型工艺或操作要点】先将头发均匀倒梳，然后向侧面拧包，制作蓬松的刘海造型。

均匀倒梳

拧包造型

完成效果

扫码观看

## 三、香蕉包造型

【造型工艺或操作要点】先对发区头发进行分片均匀倒梳，然后用十字连环夹固定中线，最后运用拧包手法对发区的头发进行拧转造型和固定。

垂直取份，均匀倒梳

梳向一侧，中线用十字
连环夹固定

将头发整体回梳

拧包

用夹针固定发包

调整形状

左侧完成效果

后侧完成效果

右侧完成效果

扫码观看

## 四、球形包

【造型工艺或操作要点】马尾十字交叉分成四个发区，让每个发区做出的卷筒相互衔接，形成一个球形的经典发包。

马尾十字交叉分区

左侧做卷筒，并调整成
弧形卷筒

下区做卷筒，并调整成
弧形卷筒

用U形夹针衔接两个
卷筒的接缝

右侧做卷筒，并调整成
弧形卷筒

上区做卷筒，并调整成
弧形卷筒

用U形夹针衔接卷筒的
接缝

调整轮廓形状

完成效果

扫码观看

## 五、半球包

【造型工艺或操作要点】马尾前后分成两个发区，后发区用于半球包轮廓塑造，前发区用于质感塑造，形成一个半球形的经典发包。

扫码观看

马尾前后平均分开

前发区发根处用弧形十字
连环夹固定

后发区发片均匀倒梳后
卷包在头顶上

调整后发区发包形状

将前发区中间的头发向
上梳并包在发包上

将两侧的头发向后梳并
包在发包上

调整发包形状

完成效果

## ✉ 课堂提问

1. 手指造型技术包括哪些?

2. 编发可以分为哪几类?

3. 拉花造型技术包括哪些?

4. 发片卷筒可以分为哪些?

5. 简述各种包发造型技术的要点。

## 课后练习

一、判断题（将判断结果填入括号中。正确的填"√"，错误的填"×"）

1. 徒手造型技法一般包括手指造型技术、编发造型技术、盘发造型技术等。（　　）

2. 单股辫可采用单拧法、顺拧法及反拧法完成。（　　）

3. 编发造型常用于头发的扎束或编辫后造型的变化和拓展（　　）

4. 发片造型的作用是用少量的头发制造较大的头发体积效果。（　　）

5. 拉花造型常用在头发扎束或编织后。（　　）

6. 盘发造型的手法通常有发片层次包卷、发片立式包卷等。（　　）

7. 凡是直接用手来打理发型的形状，都可称为徒手造型。（　　）

8. 徒手造型是对基本成型的发型进行细化调整，使最终的造型更精致美观。（　　）

9. 手指造型技术有梳、拉、揉、压、拧、抓等。（　　）

10. 手弓形做旋转运动，并随时送风是指揉发技术。（　　）

11. 拧是先将头发拧转，再在发束处送风，可膨胀发型轮廓并制造凌乱的效果。

（　　）

12. 压发技术能起到收缩轮廓，固定发丝流向的作用。（　　）

13. 编辫是利用不同股数的发束进行编发。（　　）

14. 编发造型时，虽然发束股数不同，但编织的方法都是相同的。（　　）

15. 扭辫分为双股扭辫、加股扭辫和麻花辫三种。（　　）

16. 用一束头发来拧转造型称为单股拧辫。（　　）

17. 双股辫一般可采用单拧法、顺拧法、反拧法编织。（　　）

18. 两束头发扭转后进行造型称为双股扭辫造型。（　　）

19. 沿着设定的区域进行反拧造型是顺拧法。（　　）

20. 编发可以采用单编法、加编法和减编法。（　　）

21. 用两股或两股以上发束编织的称为两股辫。（　　）

22. 双股扭辫也称麻花辫。（　　）

23. 双股单加拧辫必须从左侧加编。（　　）

24. 鱼骨辫属于两股辫。（　　）

25. 三股正手反辫的发辫凸显在头发外面。（　　）

26. 四股圆辫是运用"小挑上、中挑下"的口诀编织的。（　　）

27. 五股正手反辫的发辫凸显在头发外面。（　　）

28. 四股圆辫用三指分四股进行编织。 （ 　 ）

29. 抽丝技术属于束发造型的手法。 （ 　 ）

30. 拧包属于束发造型的手法。 （ 　 ）

31. 发片立式卷筒属于发片造型的手法。 （ 　 ）

32. 发片卧式卷筒用发尾对折法包卷发片。 （ 　 ）

33. 发片卧式卷筒属于束发造型的手法。 （ 　 ）

34. 发片层次卷筒是利用两个发片做出卷筒。 （ 　 ）

35. 发片造型属于编发造型的手法。 （ 　 ）

36. 拉花技术属于束发造型的手法。 （ 　 ）

二、单项选择题（选择一个正确的答案，将相应的字母填入题内的括号中）

1.（ 　 ）技术常用于吹风过程或吹风后发型的打理。

A. 手指造型　　　　B. 编发造型　　　　C. 束发造型　　　　D. 盘发造型

2. 单股辫是用一束头发进行拧转造型，可采用（ 　 ）种方法进行编织。

A. 一　　　　　　　B. 二　　　　　　　C. 三　　　　　　　D. 四

3. 发辫的变化有（ 　 ）、加编法、减编法。

A. 单编法　　　　　B. 双编法　　　　　C. 反编法　　　　　D. 正编法

4. 编辫后造型的变化和拓展属于（ 　 ）造型手法。

A. 手指　　　　　　B. 编发　　　　　　C. 束发　　　　　　D. 盘发

5. 发片造型的作用是用少量的头发制造较大的头发（ 　 ）效果。

A. 花样　　　　　　B. 款式　　　　　　C. 面积　　　　　　D. 体积

6. 抓发技术的（ 　 ）可以制造发尾外翘的效果。

A. 反抓　　　　　　B. 正抓　　　　　　C. 揉抓　　　　　　D. 扭抓

7. 单股辫是用（ 　 ）束头发进行拧转造型。

A. 一　　　　　　　B. 两　　　　　　　C. 三　　　　　　　D. 四

8.（ 　 ）是指顺着设定的区域进行编辫造型。

A. 顺拧法　　　　　B. 单拧法　　　　　C. 反拧法　　　　　D. 单扭法

9.（ 　 ）是指沿着设定的区域进行反拧造型。

A. 顺拧法　　　　　B. 单拧法　　　　　C. 反拧法　　　　　D. 单扭法

10. 鱼骨辫属于（ 　 ）。

A. 两股辫　　　　　B. 三股辫　　　　　C. 拧辫　　　　　　D. 扭辫

11. 双股扭辫也称（ 　 ）。

A. 麻花辫　　　　B. 蝴蝶辫　　　　C. 贵妇辫　　　　D. 中国结辫

12. 将一缕发束微扭转后，抓住发尾几根头发，其余的推至根部，这种手法称为（　　）。

A. 抽丝　　　　　B. 拔丝　　　　　C. 拉花　　　　　D. 束发

13. 在对折的发束上上下交错拉出细小的发束，这种手法称为（　　）。

A. 抽丝　　　　　B. 拔丝　　　　　C. 拉花　　　　　D. 束发

14.（　　）不需要对头发进行倒梳，直接进行造型和固定。

A. 拧包　　　　　B. 叠包　　　　　C. 削包　　　　　D. 锥筒

## 参考答案

### 一、判断题

| 1. × | 2. √ | 3. × | 4. √ | 5. √ | 6. × | 7. √ | 8. √ |
|------|------|------|------|------|------|------|------|
| 9. √ | 10. √ | 11. √ | 12. √ | 13. √ | 14. × | 15. × | 16. √ |
| 17. × | 18. √ | 19. × | 20. √ | 21. × | 22. √ | 23. × | 24. √ |
| 25. × | 26. √ | 27. × | 28. √ | 29. √ | 30. × | 31. √ | 32. √ |
| 33. × | 34. × | 35. × | 36. √ | | | | |

### 二、单项选择题

| 1. A | 2. C | 3. A | 4. B | 5. D | 6. A | 7. A | 8. A |
|------|------|------|------|------|------|------|------|
| 9. C | 10. A | 11. A | 12. A | 13. C | 14. A | | |

第 **2** 篇

男发造型

## 引导语

　　DX 美发教育系统中将男发造型分为男式商业经典造型、男式商业时尚造型、男式前卫创意造型、男式舞台创意造型、男式大赛创意造型五大类型，每种类型各有其特点。发型的流行趋势其实就是融入了发型时代特征的一种轮回。决定发型时代特征的因素包括造型的工具、材料、色彩，以及发型的层次结构、色调变化、时代审美意识等。

第 5 章
男式商业造型

# 第 1 节　男式商业经典造型

经典即复古，复古即潮流。商业经典造型是 20 世纪 20—90 年代受到当时经济文化和审美意识的影响，形成的具有代表性并流传至今的发型。男式商业经典造型大都呈现纹理细腻、流向清晰、轮廓紧致等特点。

在 DX 系统中，反包发型的吹风造型是男式各种经典造型的基础，在其基础上通过四步造型技法的综合运用和改变梳理方向来完成其他经典发型的式样变化。

男式商业经典发型包括斜向、旋转、向前、向后、向上、向下、左右、波纹、放射 9 种流向，这也是现代发型流向的基础。

斜向

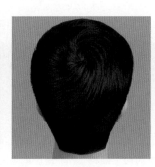
旋转

向前

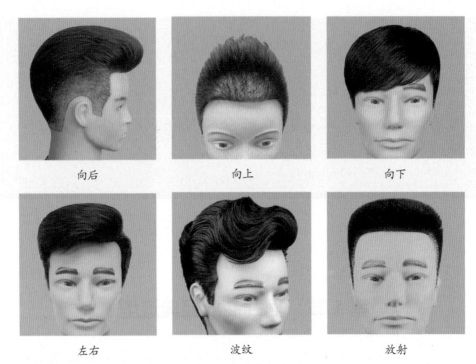

| 向后 | 向上 | 向下 |
| 左右 | 波纹 | 放射 |

【准备工具】教习头模、排骨梳、九排梳、纹理梳、尖尾梳。

## 一、男式经典反包发型吹风造型

男式经典反包发型按照由后向前的顺序吹风造型，通过四步造型技法的综合运用，吹出一款经典的反包发型。

【造型工艺或操作要点】推正发根和刘海前冲是完成这款造型的关键。

 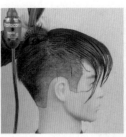  

| 后发区两侧向中间翻梳 | 后发区中间向下翻梳 | 顶区中间向后翻压 | 顶区左侧向后压刷头发，并向上推正发根 |

顶区右侧向后压刷头发，
并向上推正发根

用同样的方法由后向前
吹风造型

翻压刘海两侧的头发

吹刷收紧发型左侧的轮廓

刘海中间的头发反复
向前压吹

吹刷收紧右侧的发型
轮廓

用九排梳向后梳理造型

徒手造型调整顶区纹理
方向和轮廓，并用发胶
固定

徒手造型调整发型周边
轮廓，并用发胶固定

侧面完成效果

正面完成效果

扫码观看

## 二、男式经典奔式发型梳理造型

在反包发型的基础上，把反包发型变化成奔式发型。

【造型工艺或操作要点】通过四步造型技法中的梳理造型技法、徒手造型技法和固定造型技法改变造型的纹理流向。

反包发型

斜向后梳理造型

向侧梳理造型

用少许发胶固定造型

梳理造型

徒手造型调整轮廓

正面完成效果

左前侧完成效果

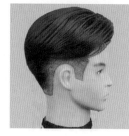
右侧完成效果

刘海往下梳理造型

完成时尚效果

扫码观看

## 三、男式经典暗分发型梳理造型

反包发型变为暗分发型，暗分的头缝可以根据设计选择三七分、四六分或中分。

【造型工艺或操作要点】通过四步造型技法中的梳理造型技法、徒手造型技法和固定造型技法改变造型的纹理流向。

反包发型

向右梳理造型

向左梳理造型

左侧徒手造型和固定造型

右侧徒手造型和固定造型　　完成暗分发型　　　　　　　扫码观看

## 四、男式经典明分发型梳理造型

反包发型变为明分发型，明分的头缝可以根据设计选择三七分、四六分或中分。

【造型工艺或操作要点】通过四步造型技法中的梳理造型技法、徒手造型技法和固定造型技法改变造型的纹理流向。

反包发型　　　　　　向右梳理造型　　　　　向左梳理造型　　　　　用发胶固定造型

正面效果　　　　　　　侧面效果　　　　　　　扫码观看

## 五、男式经典螺旋式发型吹风造型

螺旋式发型是按照头发的自然流向进行的造型设计。

【造型工艺或操作要点】经典流畅的螺旋纹理线条给人以干净清爽、自然流畅的整体印象。

确定螺旋点的位置

左侧向前吹梳，发尾弧形
向上吹出螺旋的流向

刘海向侧旋吹

右侧向后吹梳

梳理并固定造型

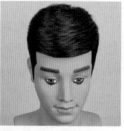

正面完成效果

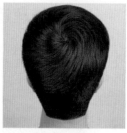

后面完成效果

左侧完成效果

右侧完成效果

扫码观看

## 六、男式经典波浪发型吹风造型

男式经典波浪发型按照由前向后的顺序吹风。浪峰和浪谷起伏明显的称为波浪，浪峰和浪谷起伏不明显的称为波纹。波浪和波纹的纹理流向是一样的，区别在于浪峰的高低。

### 1. 男式经典无缝波浪发型吹风造型

【造型工艺或操作要点】经典流畅的 S 形纹理线条给人以干净、清爽、光洁的整体印象。

刘海向后梳出 C 形

向前回推并送风

向后 C 形梳理

回推送风，吹出第二浪

依次向后 C 形梳理回推，
吹出第三、四浪

左侧吹风衔接第一浪
刘海的高度

依次向后吹梳对齐波浪

梳理并固定造型

左前侧完成效果

正面完成效果

顶部完成效果

扫码观看

## 2. 男式经典有缝波浪发型吹风造型

【造型工艺或操作要点】经典流畅的 S 形纹理线条给人以干净、清爽、光洁的整体印象。

刘海回推出第一浪

继续向后梳理回推出
第二浪

依次向后完成第三、
四浪

后发区从头顶开始进行
波浪的衔接

111

向下延伸衔接波浪

左侧回推出 C 形

向下延伸吹出左侧的
第二浪

梳理并固定造型

顶部完成效果

后面完成效果

右侧完成效果

扫码观看

## ♥ 特别提示

### 吹风造型质量标准

1. 工具选择合理。

2. 操作程序合理。

3. 送风角度正确。

4. 温度适宜，不伤头发。

5. 不拉痛头皮。

6. 发根支撑有力。

7. 发丝有弹性。

8. 发尾光洁。

9. 梳理造型纹理通顺，流向清晰。

10. 造型用品选择合理，涂抹均匀。

11. 徒手造型调整到位。

12. 固定造型牢固。

# 第 2 节　男式商业时尚造型

时尚即潮流，潮流即轮回。男式商业时尚造型其实一直运用经典的造型技术。男式商业时尚造型简洁自然，具有时代气息，发型轮廓鲜明而不夸张，以形状自然柔和、纹理鲜明为主要特点。男式商业时尚造型与国际流行的时尚风格发型相呼应。

男式商业时尚造型的流向传承了经典的斜向、旋转、向前、向后、向上、向下、左右、波纹、波浪 9 种发型流向，只是在发型轮廓、纹理粗细、色调变化等细节上添加了具有时代特征的元素。

| | | |
|:---:|:---:|:---:|
| 斜向 | 旋转 | 向前 |
| 向后 | 向上 | 向下 |
| 左右 | 波纹 | 放射 |

【准备工具】教习头模、电棒、电夹板、排骨梳、尖尾梳、纹理梳。

## 一、男式时尚油头发型吹风造型

【造型工艺或操作要点】男式油头发型给人以干净、清爽、光洁的整体印象。

后发区左侧用刷的技术
向中间吹风造型

后发区右侧同样用刷的
技术向中间吹风造型

前发区左侧同样用刷的
技术向后吹风造型

用翻压技术吹高刘海

前发区右侧用刷的技术
向后吹风造型

推正刘海发根

用油头梳进行梳理造型

左侧完成效果

右侧完成效果

扫码观看

## 二、男式时尚自然中分发型吹风造型

【造型工艺或操作要点】推正发根，发尾自然下落，发型给人以自然随意的整体
印象。

后发区向后压吹

刘海中间向上吹起

刘海两侧自然下落

正面完成效果

侧面完成效果

扫码观看

## 三、男式时尚偏分发型吹风造型

【造型工艺或操作要点】高起的刘海和下落的束状纹理是这款造型的关键。

吹顺后发区

右侧向后吹梳

反推吹高刘海

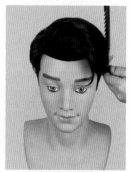

梳理造型

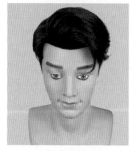

正面完成效果

侧面完成效果

扫码观看

115

## 四、男式时尚电棒造型

【造型工艺或操作要点】对比的曲直纹理和谐过渡，给人以时尚的整体印象。

顶区后半部分向前卷曲

刘海区向侧卷曲

梳理造型

徒手造型

正面完成效果

左侧完成效果

右侧完成效果

梳顺刘海区

完成造型的变化

扫码观看

## 五、男式时尚夹板造型

【造型工艺或操作要点】跳跃的发尾凸显朝气蓬勃，给人以时尚的整体印象。

后发区向下夹出弧形线条

顶区向前夹出弧形线条

刘海向侧夹出外翻线条

手指推出发型轮廓

固定造型

正面完成效果

左前侧完成效果

右后侧完成效果

扫码观看

## ✉ 课堂提问

1. 男式商业造型分为哪几类？

2. 简述男式商业经典造型和男式商业时尚造型的流向。

3. 简述男式商业经典造型的特点。

4. 简述男式商业时尚造型的特点。

## 课后练习

判断题（将判断结果填入括号中。正确的填"√"，错误的填"×"）

1. 男式造型分为经典、时尚和创意造型。 （　　）

2. 发型的流行趋势其实就是融入了发型时代特征的一种轮回。 （　　）

3. 时代审美意识是决定发型时代特征的因素之一。 （　　）

4. 商业经典发型是过去有代表性并流传至今的发型。 （　　）

5. 男式经典发型呈现纹理细腻、流向清晰、轮廓紧致的特点。 （　　）

6. 发型纹理流向分为六种。 （　　）

7. 经典发型的吹风造型都是按照由后向前的顺序进行的。 （　　）

8. 浪峰和浪谷起伏明显称为波浪。 （　　）

9. 浪峰和浪谷起伏不明显称为波浪。 （　　）

10. 反包发型是男式经典造型的基础发型。 （　　）

11. 男式商业时尚造型在造型技术上运用现代的造型技术。 （　　）

12. 男式商业时尚造型简洁自然，具有时代气息。 （　　）

13. 男式商业时尚造型应与国际流行的时尚风格相呼应。 （　　）

14. 男式商业时尚发型给人以干净、清爽、光洁的整体印象。 （　　）

### 参考答案

判断题

| 1. × | 2. √ | 3. √ | 4. √ | 5. √ | 6. × | 7. × | 8. √ |
| 9. × | 10. √ | 11. × | 12. √ | 13. √ | 14. × | | |

# 第6章

# 男式创意造型

男式创意造型分为男式前卫创意造型、男式舞台创意造型、男式大赛创意造型。这三类造型的形状、纹理、色彩等具有强烈的视觉冲击力，能成为视觉的焦点。这三类造型的场景定位可以进行互换。

## 第1节  男式前卫创意造型

造型是随着时代的进步而发展的，当前的前卫造型很有可能就是将来的时尚造型。由于受到个性前卫思潮的影响，男式前卫创意造型具有独特的形状、纹理和色彩，且与流行时尚有一定的反差。男式前卫创意造型的外轮廓形状、线条质感、纹理方向、色彩等外在形态与男式商业造型有相似点，但比男式商业时尚造型更夸张，有较强的视觉冲击力，包含未来将要商业化的流行趋势。

前卫创意电棒造型

前卫创意吹风造型

前卫创意波浪造型

下面以男式前卫创意电棒造型为例进行解析。

【**准备工具**】教习头模、铁滚梳、大叉梳、尖尾梳。

【**造型工艺或操作要点**】强烈对比的曲直纹理会使发型成为焦点，给人以前卫时尚的整体印象。

从左侧向上吹风造型

弧形旋吹至右侧

刘海向上吹起

电棒分片向上卷曲

完成阶梯电棒卷曲

梳开发卷

左侧完成效果

正面完成效果

右侧完成效果

扫码观看

# 第2节　男式舞台创意造型

　　发型、服饰、妆面、饰品、背景灯光、视频、音乐等都是舞台效果整体呈现的环节。舞台发型必须是舞台上的亮点，必须烘托舞台主题设定，并与其相协调。

　　男式舞台创意造型由主题风格来体现发型的印象感觉和思想定位，要根据主题风格来表达发型的内涵和设计思路。男式舞台创意造型对形状、色彩、手法等都没有特定的要求，可以是经典风格的，也可以是前卫风格的，更可以添加夸张元素进行天马行空的设计。

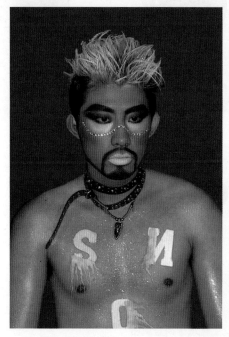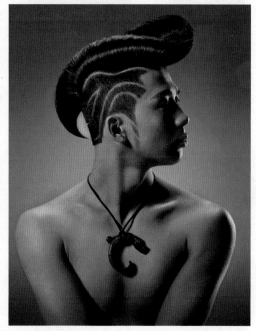

男士舞台创意造型

下面以男式舞台创意造型技术为例进行解析。

【**准备工具**】教习头模、铁滚梳（或毛滚梳）、尖尾梳。

【**造型工艺或操作要点**】曲线流向的发尾是这款造型的亮点，体现现代的前卫感。

左侧鬓角向上滚吹

右侧鬓角向上拉吹

刘海向上卷吹

顶部头发向侧卷吹

梳理并固定造型

左侧完成效果

右侧完成效果

改变梳理方向

调整发尾形态

改变梳理方向后正面
完成效果

改变梳理方向后侧面
完成效果

扫码观看

💜 **特别提示**

男式舞台创意造型的设计不能缺失男性的阳刚。

# 第 3 节　男式大赛创意造型

男式大赛创意造型是在遵循大赛规定的情况下进行独特构思设计并制作的别具一格的发型。

美发造型方面比较有代表性的大赛有亚洲发型化妆大赛、OMC（世界美发组织）世界发型大赛、世界技能大赛等。国内很多美发大赛的项目都是参照这些比赛项目进行选择和设定，并根据比赛的具体要求进行微调的。

大赛造型是最能体现选手综合能力的，发型制作的唯一目的就是发型最终效果的完美呈现。大赛创意造型的方法和步骤与四步造型技法有着紧密的联系，遗漏或忽视某一种技法的运用，会影响造型的最终效果。

## 一、亚洲发型化妆大赛

亚洲发型化妆大赛中男式发型要求的是前卫创意发型，其注重修剪和吹风造型的功底，要求体现创造性使用各种技术和整体搭配技巧。

亚洲发型化妆大赛中的男式发型

## 二、OMC 世界发型大赛

OMC 世界发型大赛的比赛项目有艺术类发型和商业类发型，强调用与众不同的设计和造型技术来表现发型美感。

OMC 男式经典造型

OMC 男式发块替换商业造型

### 1. OMC 男式经典造型

【发型要求】

◎ 发色只能使用黑色，禁止彩喷。

◎ 禁止使用电推剪和牙剪。

◎ 后颈处必须采用传统色调。

◎ 禁止不适宜的化妆和服装。

◎ 必须穿外套。

【准备工具】教习头模、九排梳、尖尾梳、夹子。

【造型工艺或操作要点】造型体现吹风技术的功底，方正的发型轮廓、细密光洁的纹理是这款造型的特点。

用九排梳从头顶后转角
处开始向后吹梳头发

依次向前取水平发片
向后移动吹梳

顶区左侧头发向上吹梳，
转角处压出直角轮廓

顶区左侧完成吹风效果

顶区右侧的头发用同样
的方法向上吹梳，压出
直角轮廓

吹压出刘海直角形状并
与两侧转角处轮廓衔接

左鬓的头发放射状向后、
向上吹起

发尾与左侧的直角轮廓
衔接

右鬓的头发用同样的
方法完成吹风造型

后发区由下至上吹压出
直角轮廓

用密齿梳进行精细梳理

调整发型轮廓

用丝网配合吹光发型表面

正面完成效果

侧面完成效果

## 2. OMC 男式发块替换商业造型

【发型要求】

◎ 完成的造型必须是生活化的时尚造型。

◎ 最多可使用两种颜色及其过渡色。

◎ 色彩只能在黑、白、棕、金、灰 5 种颜色中选择。

◎ 发块大小为长 23 cm、宽 17 cm。

◎ 禁止使用彩喷。

◎ 禁止接发。

【准备工具】教习头模、造型发块、修剪工具、染发工具、吹风机、铁滚梳、尖尾梳、夹子。

【造型工艺或操作要点】发块与真发衔接自然，染色和造型自然实用，给人以生活化的整体印象。

发块佩戴

发块佩戴完成效果

修剪发块周边，使其自然
衔接发底

头顶后短前长定线修剪

周边染黑，头顶染过渡色

染色后吹风，发块周边
与发底融合

刘海向上吹出弧度

吹松头顶头发

挑出束状纹理线条

刘海打理出高低错落的
纹理线条

侧面完成效果

扫码观看

## 三、世界技能大赛

世界技能大赛是美发界的奥林匹克技能比赛，比赛的项目比较全面，男式美发项目包括修剪造型、烫发设计、发型雕刻等，比赛通过 4 天的全过程操作来全方位地考核选手的综合能力。

世界技能大赛每一届的比赛项目都会进行调整，从 2017 年开始取消了艺术造型项目，选用了跟沙龙更加贴近的商业造型项目，让选手通过大赛提供的图片进行符合主题的发型创作，考核选手的发型设计能力和基本功，关注选手良好的职业习惯和规范的操作流程。

中国从 2011 年开始参加世界技能大赛美发项目的比赛，中国队从 2013 年开始摘金夺银，雄霸世界技能大赛的领奖台。比较有代表性的男式造型比赛项目是男式经典造型、男式时尚造型和男式烫发造型。

男式经典造型              男式时尚造型              男式烫发造型

下面以世界技能大赛男式经典造型为例进行解析。

【准备工具】教习头模、排骨梳、尖尾梳、夹子。

【造型工艺或操作要点】挺拔的造型和细密光洁的纹理是这款造型的特点，发型体现吹风造型技术的功底。

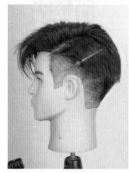

二八分头缝的大边吹出         后发区吹出圆润的轮廓    顶区吹出前高后低的轮廓      右侧向后吹刷
前高后低的轮廓线

小边向上提吹形成饱满         发尾向后吹刷           用尖尾梳精细梳理           喷发胶定型
轮廓

正面完成效果

左侧完成效果

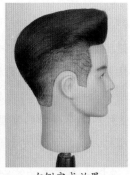
右侧完成效果

扫码观看

世界技能大赛的比赛项目都是围绕商业经典发型和商业时尚发型展开的，比赛的发型是根据现场提供的图片进行灵感复制或完全复制制作的。

灵感复制：对现场提供的图片内容进行设计元素的提取，以此来确定发型的形状、色彩、纹理、外线等造型元素，进行比赛作品的个人发挥，但整个作品不能脱离商业造型的范畴。

完全复制：先对现场提供的正面发型图片进行仔细观察，确定发型的形状、色彩、纹理、比例等，然后进行百分之百的复制，对看不见的背面，可以根据自己的理解进行创作，但整个作品不能脱离商业造型的范畴。

## 课堂提问

1. 男式创意造型分为哪几类？
2. 男式大赛创意造型常见的有哪几类？
3. 世界技能大赛比较有代表性的男式造型有哪几类？

## 课后练习

一、判断题（将判断结果填入括号中。正确的填"√"，错误的填"×"）

1. 男式前卫创意造型在造型技术上运用经典的造型技术。                （    ）
2. 男式前卫创意造型受到个性前卫思潮的影响。                    （    ）
3. 男式前卫创意造型与流行时尚造型有一定的反差。                （    ）
4. 男式前卫创意造型要有未来商业化的流行趋势。                  （    ）
5. 男式前卫创意造型与男式商业造型技术截然不同。                （    ）
6. 男式舞台创意造型是在前卫创意造型的基础上添加夸张的元素。       （    ）
7. 男式舞台创意造型可以搭配夸张的服饰、妆面、饰品进行整体性的呈现。 （    ）

129

8. 男式舞台创意造型必须烘托舞台主题设定，并与之相协调。　　（　）

9. 男式舞台创意造型不需要主题风格。　　（　）

10. 男式舞台创意造型的形状、色彩、手法有特定的要求。　　（　）

11. 世界技能大赛比赛项目的发型设定属于前卫发型的范畴。　　（　）

12. 男式大赛创意造型大体可分为三种类型。　　（　）

13. OMC 世界发型大赛比赛项目的发型设定全部属于艺术发型的范畴。　　（　）

14. 比赛项目的发型可以展现艺术发型的效果。　　（　）

二、单项选择题（选择一个正确的答案，将相应的字母填入题内的括号中）

1. 目前，世界技能大赛选用了（　　）造型作为比赛项目。

A. 商业　　　　　B. 艺术　　　　　C. 创意　　　　　D. 舞台

2. 大赛是以（　　）代练，把各种美发技能通过发型比赛进行综合呈现。

A. 看　　　　　B. 学　　　　　C. 赛　　　　　D. 问

参考答案

一、判断题

1. √　　2. √　　3. √　　4. √　　5. ×　　6. ×　　7. √　　8. √

9. ×　　10. ×　　11. ×　　12. √　　13. ×　　14. √

二、单项选择题

1. A　　2. C

第**3**篇

# 女发造型

## 引导语

DX 美发教育系统中将女发造型分为女式商业经典造型、女式商业时尚造型、女式前卫创意造型、女式舞台创意造型、女式大赛创意造型五大类型，每种类型的造型都有其各自的特点，满足不同人群和场合的需求。

# 第7章
# 女式商业造型

## 第1节 女式商业经典造型

女式商业经典造型是经过岁月洗礼而留存下来的发型。随着时间的推移，经典发型在操作技术、制作工艺上有了划时代的进步，其式样被广大消费者接受并流传至今。这些发型大都呈现轮廓圆润、纹理紧密、端庄典雅、流向清晰的特点。

女式商业经典造型包含女式商业经典吹风造型、女式商业经典恤发造型、女式商业经典编发造型、女式商业经典盘束造型。

### 一、女式商业经典吹风造型

经典直发　　　　　　　经典翻翘　　　　　　　经典C形卷

【准备工具】教习头模、削刀、吹风机、排骨梳、九排梳、尖尾梳、滚梳、纹理梳。

## 1. 商业经典长直发向后吹风造型

反包发型的吹风造型是女式各种经典造型的基础，在其基础上通过四步造型技法的综合运用和改变梳理方向来完成其他经典发型的式样变化。

【造型工艺或操作要点】推正发根和刘海前冲是完成这款造型的关键。

前后分区，拉吹后发区

由中间开始向后翻拉头发

根据设计要求压出高度

右侧同样用拉、压的方法吹风

向上推正发根

左侧用同样的方法完成吹风

刘海从中间开始吹风

推正刘海发根

向后梳理头发

徒手调整形状，并用发胶固定造型

完成吹风造型

扫码观看

134

### 2. 商业经典分缝梳理造型

在反包发型的基础上，通过四步造型技法中的梳理造型技法、徒手造型技法和固定造型技法，把反包发型变成分缝发型。头缝可以根据设计选择三七分、四六分或中分。

【造型工艺或操作要点】通过梳理造型技法、徒手造型技法和固定造型技法改变造型的纹理流向。

扫码观看

向右分缝梳理造型　　　　向左分缝梳理造型　　　　完成分缝梳理造型效果

### 3. 商业经典长发奔式梳理造型

在反包发型的基础上，通过四步造型技法中的梳理造型技法、徒手造型技法和固定造型技法，把反包发型变成奔式发型。

【造型工艺或操作要点】通过梳理造型技法、徒手造型技法和固定造型技法改变造型的纹理流向。

向右侧梳理并固定造型　　向左侧梳理并固定造型　　完成直发奔式效果　　　量感区分层向上卷吹

完成卷发奔式效果

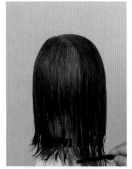

扫码观看

## 4. 商业经典女式翻翘吹风造型

【**造型工艺或操作要点**】向上卷吹的头发充分冷却定型和发卷徒手拉花是完成这款造型的关键。

用短削技术完成柔和的
层次平切

量感区点削束状发尾

动感区点削束状发尾

后发区从底层开始向上
卷吹

依次向上完成后发区的
卷吹

两侧分层向上卷吹

刘海区分层高角度提升
卷吹

衔接刘海与两侧

扫码观看

| | | |
|---|---|---|
| 徒手造型调整后发区的<br>发尾形态 | 徒手造型调整两侧的<br>发尾流向 | 完成翻翘造型效果 |

### 5. 商业经典 C 形卷吹风造型

【造型工艺或操作要点】向下卷吹的头发充分冷却定型和徒手梳理造型是完成这款造型的关键。

| | | | |
|---|---|---|---|
| 底层头发低角度提升<br>向内卷吹 | 后发区第二层头发正常<br>提升向内卷吹 | 两侧第二层头发正常<br>提升向内卷吹 | 两侧第三层头发高角度<br>提升向内卷吹 |

| | | | |
|---|---|---|---|
| 后发区第三层头发高角度<br>提升向内卷吹 | 顶区头发正常提升向后<br>卷吹 | 刘海分层向侧卷吹 | 用手指向后梳理头发 |

| | | |
|---|---|---|
| 用手指钩出 C 形卷 | 正面完成效果 | 侧面完成效果 |

扫码观看

## 二、女式商业经典恤发造型

恤发造型是先用恤发筒盘卷，再用烘发机烘干，最后用梳子配合弧线梳理造型技法梳出工整的波浪或翻翘发型。

| | | |
|---|---|---|
| 盘卷烘干 | 梳理造型 | 完成效果 |

### 1. 商业经典有缝波浪造型

（1）有缝波浪盘卷

【准备工具】教习头模、恤发筒、尖尾梳、紧固类夹针、发网、烘发机。

【造型工艺或操作要点】后发区砌砖排列与前发区发卷取份对应是完成恤发盘卷的关键。

参照恤发筒的宽度分出前发区

完成前发区分区

完成前发区三七分盘卷

后发区发卷分层示意

完成后发区第一个发卷的盘卷

后发区第二排发卷分区示意

后发区第二排发卷盘卷完成效果

后发区第三排发卷分区示意

后发区第三排发卷盘卷完成效果

完成后发区盘卷后用发网固定

烘发机烘 25 min，冷却 10 min

扫码观看

（2）有缝波浪梳理

**【准备工具】**教习头模、吹风机、面包梳、平梳、造型夹。

**【造型工艺或操作要点】**面包梳与手配合、面包梳与平梳
配合是完成这款造型的关键。

扫码观看

由下至上拆恤发筒

反复梳顺头发

从刘海开始推出第一浪

连贯向后完成中线的
波浪梳理

平梳与面包梳配合，初
步衔接中间波浪与两侧
波浪

依次向下初步完成波浪
的梳理造型

吹风调整发型轮廓

再次梳理波浪造型

徒手调整造型细节

正面完成效果

侧面完成效果

后面完成效果

**特别提示**

波浪梳理的技术要领

1.第一次梳理后用手确定波浪的方向和位置

（1）按预定方向用左手指、掌推出第一浪，按紧浪谷（凹陷处）。

（2）左手掌移到第二浪处推出浪峰，左手中指推出第二浪的浪谷。

（3）依次推出其他的波浪。

2.第二次梳理使波浪进一步衔接和使发丝里外组合

（1）用梳子从浪峰上面开始梳理头发并稍向上翻动，这时的梳齿从上向下梳理 C 形线条至波浪的浪谷，梳拎出明显的第一浪。

（2）梳齿朝下，向相反方向梳出 S 形凹凸面的浪峰和浪谷，形成第二浪。

（3）依次类推，当梳理到颈部头发时，就靠梳子将头发提起来，用梳子梳理波浪。

## 2. 商业经典无缝波浪梳理造型

（1）无缝波浪盘卷

无缝波浪顶区盘卷排列示意

无缝波浪两侧盘卷排列示意

无缝波浪后发区盘卷排列示意

（2）无缝波浪梳理

【准备工具】教习头模、吹风机、平梳、排骨梳、造型夹。

【造型工艺或操作要点】排骨梳与手配合、排骨梳与平梳配合是完成这款造型的关键。

由下至上拆恤发筒

从前向后梳顺头发

将头发集中在后发际线处

发尾向内包卷

从中间开始推出第一浪

继续向下推出第二、三、四浪

双梳配合整理波浪

侧面完成效果

后面完成效果

## ❤ 特别提示

1. 梳子梳拎头发制作浪峰时，一定要深入地将里面的头发梳拎到梳齿上。

2. 梳拎角度要适当，否则里外的头发不能衔接，会出现翻起等现象。

## 三、女式商业经典编发造型

商业经典编发造型往往采用单一的编发手法，大都用于头发较长、层次较低、发量较多的头发。其造型特点为紧致有形、端庄大方。编发造型大多以对称设计为主，要求发型干净、整洁、无乱发，发辫纹理清晰流畅。

扭辫加编法　　　　　　　单面加编法　　　　　　　双面加编法

【准备工具】教习头模、尖尾梳、橡皮筋、U 形夹针、彩带。

### 1. 商业经典两股鱼尾辫加编法造型

扫码观看

【造型工艺或操作要点】发辫整体水平提拉和 U 形夹针回钩固定是完成这款造型的关键。

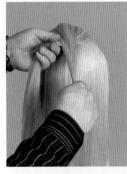   

刘海区分成两股头发后交叉　　右侧分出一片发片与左侧发束汇合　　左侧分出一片发片与右侧发束汇合　　依次类推进行编织，保证发辫平行于地面

用鱼尾辫的编织方法收
尾，并用橡皮筋固定

将发尾藏在头发内部，
用∪形夹针回钩固定

侧面完成效果

后面完成效果

## 2. 商业经典三股反手正辫加编法造型

【造型工艺或操作要点】后发区发辫编织时放射状取份是完成这款造型的关键。

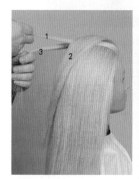

刘海三角形分区，第一
股头发放在第二股下面、
第三股上面

右手食指夹在第二、三
股头发的中间，顺时针
拧转

左手中指钩住拧转过来
的第二股头发，大拇指
顶住第三股头发

右侧分出一片平行发片，
与左手中指钩住的第二
股头发汇合

左侧同样分出一片平行
发片，与右手中指钩住
的头发汇合

颞角以下放射状取份后
进行编织

依次类推进行编织

发尾用橡皮筋固定

扫码观看

完成效果

### 3. 商业经典三股正手反辫加编法造型

【造型工艺或操作要点】后发区发辫编织时放射状取份是完成这款造型的关键。

刘海三角形分区，第一股头发放在第二股上面、第三股下面

将第二股头发放在左手中指上

右侧挑出平行发片与左手中指上的第二股头发汇合

左侧挑出平行发片与右手中指上的第三股头发汇合

右侧挑出平行发片与左手中指上的发束汇合

同样左侧挑出平行发片与右手中指上的发束汇合

鬓角以下放射状取份后进行编织

依次类推向下编至发尾，用橡皮筋固定

完成效果

扫码观看

### 4. 商业经典彩带编发造型

【造型工艺或操作要点】彩带加入发束中编织、后发区编织时放射状取份是完成这款造型的关键。

扫码观看

刘海扎束对称的彩带

右侧的彩带放在左侧的彩带上面交叉

左侧正手加编与左侧的发束汇合

右侧反手加编与右侧的发束汇合

右侧的发束放在左侧的发束上面交叉

右侧的彩带放在左侧的彩带上面交叉

依次类推完成彩带编发

正面完成效果

## 四、女式商业经典盘束造型

传承至今的经典盘束造型依靠扎实的基本功，采用大面积弧形块面与波浪纹理相结合，运用形状和纹理来调节内外轮廓效果。经典盘束造型要求发丝整齐清晰、轮廓饱满、起伏圆润。经典盘束造型可以使用假发作为填充物，这样可以使发型达到高贵典雅的视觉效果。

 **特别提示**

经典盘束造型中盘与束的区别

经典盘发造型以多分区、发夹固定为代表，搭配行云流水般的波纹纹理线条，整个造型给人以高贵典雅的视觉感受。

经典束发造型以分股用橡皮筋扎起后进行向上堆积造型为代表，以简洁明快、块面不多、纹理清晰、波纹起伏较大的特点来塑造形状，整个造型给人以紧凑、优雅的视觉感受。

经典束发堆积造型　　　　经典新娘束发造型　　　　经典晚宴盘发造型

### 1. 商业经典十字包发造型

【准备工具】教习头模、尖尾梳、造型夹、夹针。

【造型工艺或操作要点】夹针固定和发型轮廓调整是完成这款造型的关键。

后发区左侧向上拧包后
用夹针固定

后发区右侧斜向上十字
交叉拧包

后发区发尾汇合做立式
卷筒

左侧分片倒梳

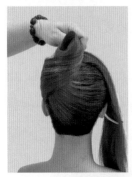

发尾绕在立式卷筒周围

刘海区和右侧区分片倒梳

梳通头发表面

发尾绕在卷筒外

调整发型轮廓

正面完成效果

侧面完成效果

扫码观看

## 2. 商业经典包片新娘造型

【准备工具】教习头模、电棒、尖尾梳、造型夹、夹针。

【造型工艺或操作要点】夹针固定和发片徒手造型是完成这款造型的关键。

后发区拧包

前发区向侧包卷住后
发区的发尾

后发区的发尾用电棒
夹卷

发尾右侧发片做出S形
波纹

左侧下面发片徒手造型
做出立式波纹卷

左侧上面发片徒手造型
做出螺旋形波纹

佩戴新娘头花装饰

正面完成效果

后面完成效果

扫码观看

### 3. 商业经典束包波纹晚宴造型

【**准备工具**】教习头模、吹风机、电棒、面包梳、排骨梳、尖尾梳、造型夹、夹针、橡皮筋。

【造型工艺或操作要点】夹针固定、发片徒手造型和发型轮廓调整是完成这款造型的关键。

用电棒夹卷头发

梳开发卷

吹正刘海发根

后部中发区扎低马尾

马尾向上梳，靠近根部
用十字连环夹固定

梳理发包

左侧上区梳出 S 形波纹

右侧上区梳出 S 形波纹

两侧下半部分扎马尾

做出发包

卷收发尾

刘海发根分片倒梳

刘海梳出S形波纹

整理刘海造型

正面完成效果

后面完成效果

侧面完成效果

扫码观看

### 4. 商业经典香蕉包造型

【准备工具】教习头模、电棒、吹风机、铁滚梳、尖尾梳、造型夹、夹针。

【造型工艺或操作要点】头发倒梳、包发造型和发型轮廓调整是完成这款造型的关键。

先将两侧头发向上吹梳

后发区均匀倒梳

后发区侧梳后用十字
连环夹固定

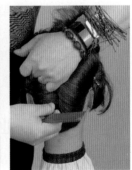

后发区包发造型

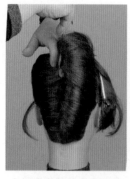

左侧均匀倒梳，发尾藏
在发包内

右侧倒梳使发尾与发包
相融合

顶区按设计流向进行
电棒卷曲

顶区徒手造型拉出纹理
线条

正面完成效果

侧面完成效果

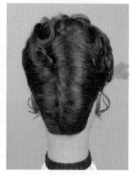

后面完成效果

扫码观看

# 第 2 节　女式商业时尚造型

女式商业时尚造型表现具有时代特征的发型轮廓形状、纹理线条、色彩、方向等，符合现代的审美标准。

女式商业时尚造型包括女式商业时尚吹风造型，女式商业时尚电棒、夹板造型，女式商业时尚编发、扎发造型，女式商业时尚盘束造型。

## 一、女式商业时尚吹风造型

女式商业时尚吹风造型以微卷的纹理形态、自然的发丝流向、随意但不失亮点的风格为主，具有典型的时代特征。

商业时尚短发吹风造型　　　　　　　商业时尚中长发吹风造型

下面以商业时尚中长发凹凸吹风造型为例进行解析。

【**准备工具**】教习头模、吹风机、尖尾梳、铁滚梳、造型夹。

【**造型工艺或操作要点**】吹风时在铁滚梳正反面交替送风是完成这款造型的关键。

底层发尾向上翻翘吹风

中层发区发中吹出凹陷
曲线

中层发区发尾吹出凸出
线条

完成凹凸吹风效果

刘海高角度提升滚吹

推正刘海发根

顶区发片吹出凹凸线条

两侧向后带出流向

顶区拉出灵动线条并　　　　正面完成效果　　　　　侧面完成效果
调整发型轮廓

扫码观看

## 二、女式商业时尚电棒、夹板造型

电棒、夹板造型的流程：吹干、吹顺头发→吹风调整头发发根的方向→由下至上造型（点、线、面造型）。

短发电棒造型　　　　　　中长发电棒造型　　　　　　长发电棒造型

【准备工具】教习头模、电棒、电夹板、尖尾梳、造型夹。

### 1. 商业时尚短发电棒造型

【造型工艺或操作要点】电棒卷曲方向和徒手造型是完成这款造型的关键。

刘海区分片向上卷曲

耳后发区向前卷曲

头顶以发旋为中心点放射
卷曲

用抽丝和拉花手法调整发卷
轮廓和形状

左前侧完成效果

左后侧完成效果

右后侧完成效果

右侧完成效果

扫码观看

155

## 2. 商业时尚中长发凹凸卷电棒造型

【造型工艺或操作要点】电棒卷曲方向和徒手造型是完成这款造型的关键。

底区水平向上卷曲造型

中区分层凹凸走棒卷曲造型

顶区凹凸走棒卷曲造型

凹凸走棒完成效果

间隔取薄发片，后斜向上
卷出纹理线条

刘海与两侧后斜向上
进行卷曲造型

用电棒顶起刘海发根

完成电棒造型效果

扫码观看

156

### 3. 商业时尚长发鱼尾卷电棒造型

【**造型工艺或操作要点**】电棒卷曲方向控制是完成这款造型的关键。

后发区底层后斜向上
卷曲造型

后发区上层两侧发尾
向前卷曲

发尾螺旋向上卷曲走棒
造型

左侧发区分层，发尾
向前卷曲

顺时针拧转电棒，发尾
向上卷曲

右侧发区分层，发尾
向前卷曲

逆时针拧转电棒，发尾
向上卷曲

梳理造型

正面完成效果

右侧完成效果

左侧完成效果

扫码观看

## 4. 商业时尚中长发夹板造型

【造型工艺或操作要点】电夹板卷曲方向控制和徒手造型是完成这款造型的关键。

从底层开始，电夹板从发束根部向发中旋动

留出发尾

从发尾向上旋动

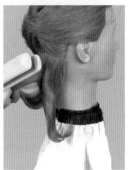
完成不规则卷曲效果

量感区用同样的方法完成夹板造型

刘海分片向侧旋动

用手指梳散头发并固定造型

用手指推松刘海并固定造型

正面完成效果

左侧完成效果

右侧完成效果

扫码观看

158

### 5. 商业时尚短发夹板造型

【造型工艺或操作要点】电夹板卷曲方向控制和徒手造型是完成这款造型的关键。

造型前

头顶左侧发片用电夹板立起发根

发尾向外翻起

左侧收发根

内扣发尾

后发区用电夹板立起发根、翘起发尾

正面完成效果

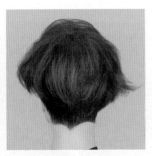

后面完成效果

扫码观看

## 三、女式商业时尚编发、扎发造型

女式商业时尚编发造型以经典编发手法为基础，加以各种改良创新的造型手法，造型不要求恪守死板的对称，以不对称、灵活多变的组合方式使其更具观赏性。

女式商业时尚扎发造型要求遵循简单、大方、实用、自然、亮丽的流行原则，造型时只需将设计的亮点表现出来即可，适合生活中非正式场合。

时尚编发造型

时尚扎发造型

【准备工具】教习头模、吹风机、电棒、玉米夹板、铁滚梳、尖尾梳、造型夹、U 形夹针、紧固类夹针、橡皮筋、彩带。

## 1. 商业时尚单拧辫拉花造型

【造型工艺或操作要点】徒手造型拧辫、发片拉花的节奏感是完成这款造型的关键。

两侧向上吹风造型

两侧向上梳理并固定

后颈处头发单拧辫拉花造型

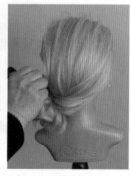

单拧辫逆时针向上绕并固定

单拧辫拉花造型　　　　　完成效果

扫码观看

## 2. 商业时尚抽丝扎发造型

【造型工艺或操作要点】调整造型形状是完成这款造型的关键。

电棒卷曲头发后，在头顶区取圆形发区扎一个马尾

从刘海处分出一片头发进行拧转，并在尾部抓住几根头发

推向发根进行抽丝造型

依次向后进行抽丝造型

依次完成整个抽丝造型

将头顶马尾编成两股拧辫

在辫子四周拉出发丝，并在头顶进行固定

对刘海和其他部位细节进行调整

161

扫码观看

左前侧完成效果　　　　左后侧完成效果　　　　正面完成效果

## 3. 商业时尚双股拧辫拉花造型

【造型工艺或操作要点】吹顺发根流向、徒手拉花造型是完成这款造型的关键。

左发区第一股头发逆时针方向拧转

放在第二股上面

第二股加少量头发，逆时针拧转后放在第一股上面

第一股再加少量头发，逆时针拧转后放在第二股上面

依次类推完成左侧的拧辫加编并暂时固定

右发区第一股头发顺时针方向拧转后放在第二股上面

右发区第二股加少量头发顺时针拧转后放在第一股上面

用同样的方法完成右发区和后发区的拧辫加编

扫码观看

扎束两股头发　　　编两股拧辫并拉花造型　　用悬挂法固定后完成
　　　　　　　　　　　　　　　　　　　　造型

## 4. 商业时尚典雅扭辫编发造型

【造型工艺或操作要点】吹顺发根流向、发尾固定收藏是完成这款造型的关键。

 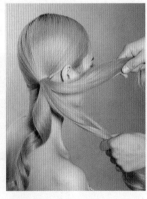 

将头发扎成侧低马尾　　将头发分成上、中、下比例　　用两束比例为3：3的头发
　　　　　　　　　为3：3：4的三束头发　　　　　拧辫

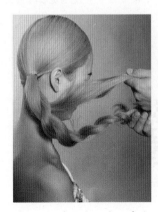 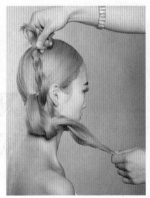 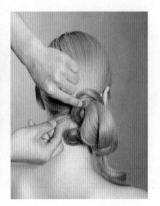

将后面一束头发从底下穿出　　用拧辫环绕　　　拧辫的发尾绕在发根部固定

从留出来的发束中拉出 S 形
发片

完成效果

扫码观看

## 5. 商业时尚三股抽辫造型

【造型工艺或操作要点】发辫编织位置确定和徒手拉花造型是完成这款造型的关键。

头发侧梳至耳后，反手
编三股正辫

编至发尾后，拉住一股
向上抽辫

用橡皮筋固定

发尾绕在根部固定

拉花造型

完成效果

扫码观看

### 6. 商业时尚彩带扎束交叉编发造型

【造型工艺或操作要点】马尾扎束位置确定和彩带均匀外露是完成这款造型的关键。

分层扎束马尾

彩带扎在橡皮筋处，刘海区马尾左右分开，在第二区的马尾下面交叉

第二区马尾左右分开与刘海区交叉的马尾汇合

汇合的马尾在第三区下面交叉

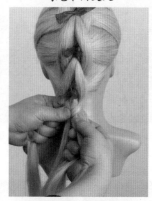

依次类推完成交叉编发

发尾倒梳造型

后面完成效果

侧面完成效果

扫码观看

165

## 7. 商业时尚中长发编发组合造型

【造型工艺或操作要点】小发辫的编织和固定是完成这款造型的关键。

左侧沿前发区发际线加编三股辫

发辫后面分出倒梯形发区

沿倒梯形发区加编三股辫

前后两个发辫汇合编织

右发区按照左侧的方法进行编发

前发区发际线用电棒向后卷曲

发际线拉出束状纹理

两侧发区发尾和整个后发区用玉米夹板夹出波浪纹理

正面完成效果

右前侧完成效果

左后侧完成效果

扫码观看

166

## 8. 商业时尚单加编三股辫拉花新娘造型

【造型工艺或操作要点】编发不提升角度、发辫拉花、花的摆放是完成这款造型的关键。

分区

底区从右上角开始单加编三股辫的反手正辫

编发时在辫子外侧拉出片花

用同样的方法完成中间发区的编发

顶区先编几股反手辫，再单侧加发片进行编织

用同样的方法完成顶区头发的编织和拉花

将顶区的发辫绕出花心，并用∪形夹针固定

将中间发区的辫子绕在花心外围，并用∪形夹针固定

将底区的发辫绕在花心外围，并用∪形夹针固定

徒手调整花形

造型真人效果

扫码观看

## 四、女式商业时尚盘束造型

女式商业时尚盘束造型是适合晚宴、婚礼等正式场合的造型，具有华丽经典而不偏离时尚的特点。

商业时尚晚宴盘束造型应体现古典与现代交织的美感，突出庄重华贵，与晚宴服饰相得益彰。该造型常用于晚间，应配以晶莹闪烁、溢彩流光的珠宝饰物。

商业时尚新娘盘束造型重在体现新娘的清纯、优雅，发型设计突出简约华丽、别致自然，衬以鲜花或晶莹的头饰。

商业时尚晚宴盘束造型

商业时尚新娘盘束造型

【准备工具】教习头模、吹风机、烘罩、尖尾梳、U形夹针、造型夹、紧固类夹针、橡皮筋。

### 1. 商业时尚典雅侧包晚宴造型

【造型工艺或操作要点】夹针固定、做出发包形状和发片摆放是完成这款造型的关键。

后斜下区发根倒梳

后上区头发斜向固定在
下区根部

均匀倒梳

向上包卷

发包收口

右鬓的头发向后梳并绕
在刘海的发尾上

刘海的发尾分束造型
固定

右鬓的发尾向上造型

顶部发束波纹造型

左鬓的发尾波纹造型

完成效果

扫码观看

## ❤ 特别提示

盘束造型质量标准

1. 设计构思独特。
2. 技法运用熟练。
3. 造型比例协调。
4. 梳理光洁流畅。
5. 发型固定牢固。
6. 不露夹针。
7. 造型用品涂抹均匀。
8. 饰品选择得当。
9. 造型配合脸型。

## 2. 商业时尚反拧包新娘造型

【造型工艺或操作要点】拧包固定和发片拉花是完成这款造型的关键。

左侧向上吹风造型 　　　　右侧扎束头发 　　　　向上拧卷包发

顶区拉出灵动刘海

右侧拧包拉花造型

正面完成效果

右前侧完成效果

右后侧完成效果

扫码观看

## ♥ 特别提示

1. 商业时尚造型可以用局部亮点来凸显发型的时尚感,发型要大方得体、干净整洁。

2. 没有进行造型设计的马尾扎束因其过于单一而不能称为造型。

## ✉ 课堂提问

1. 女式商业造型分为哪几类?

2. 简述女式商业经典造型的特点。

3. 简述女式商业时尚造型的特点。

## 课后练习

**一、判断题**（将判断结果填入括号中。正确的填"√"，错误的填"×"）

1. 女式商业时尚造型表现具有时代特征的发型轮廓形状、纹理线条、色彩、方向等。（　）

2. 经典造型是经过岁月洗礼而留存下来的时尚。（　）

3. 自然时尚是经典发型的特点。（　）

4. 波浪造型是通过梳子配合刷子的独特梳理造型技法完成的。（　）

5. 经典盘束造型要求发式高贵典雅、发丝整齐、轮廓饱满。（　）

6. 经典盘束造型包含盘发造型和束发造型。（　）

7. 编发手法以花式辫、多股辫、加编法为主。（　）

8. 经典盘束造型必须用假发作为填充物来进行造型。（　）

9. 波浪梳理要先用手确定波浪的方向和部位。（　）

10. 波浪分为有缝波浪和无缝波浪两种。（　）

11. 商业时尚造型可以夸张，但要注意大方得体、干净整洁。（　）

12. 未经造型设计的马尾扎束因过于单一而不能称为造型。（　）

13. 商业时尚晚宴盘束造型常用于晚间，应配以晶莹闪烁的饰物。（　）

14. 商业时尚造型要具有典型的时代特征。（　）

15. 商业时尚扎发造型适合生活中的正式场合。（　）

16. 商业时尚编发造型以不对称、灵活多变的组合方式使造型更具观赏性。（　）

17. 女式商业时尚盘束造型具有华丽经典而不偏离时尚的特点。（　）

18. 商业新娘盘束造型重在体现新娘的清纯、优雅。（　）

19. 商业时尚盘束造型不能作为比赛造型。（　）

20. 商业时尚新娘造型不使用饰品点缀。（　）

**二、单项选择题**（选择一个正确的答案，将相应的字母填入题内的括号中）

1. 女式商业经典造型包含吹风造型、（　）、编发造型、盘束造型。

A. 盘卷造型　　　B. 恤发造型　　　C. 包发造型　　　D. 堆积造型

2. 商业经典编发造型往往采用（　）的编发造型手法。

A. 组合　　　B. 夸张　　　C. 经典　　　D. 单一

3. 商业经典编发造型大多以（　）的设计为主。

A. 简单　　　B. 优雅　　　C. 对称　　　D. 不对称

4. 商业时尚编发造型以（　　）编发手法改良创新造型为主。

A. 传统　　　　　B. 经典　　　　　C. 优雅　　　　　D. 对称

5. 商业时尚扎发造型要符合简单、大方、实用、自然、亮丽的（　　）原则。

A. 流行　　　　　B. 时代　　　　　C. 经典　　　　　D. 对称

参考答案

一、判断题

1. √　　2. √　　3. ×　　4. ×　　5. √　　6. √　　7. ×　　8. ×

9. √　　10. √　　11. ×　　12. √　　13. √　　14. √　　15. ×　　16. √

17. √　　18. √　　19. ×　　20. ×

二、单项选择题

1. B　　2. D　　3. C　　4. B　　5. A

第8章

女式创意造型

女士创意造型可分为女士前卫创意造型、女士舞台创意造型、女士大赛创意造型。这三类造型的形状、色彩、造型手法都具有强烈的视觉冲击力，发型会成为视觉的焦点。前卫创意造型中的某些发型也可以成为大赛或舞台创意造型，即在一些特定的要求下这三类造型的场景定位可以互换。

# 第1节　女式前卫创意造型

女式前卫创意造型是一小部分追求个性、崇尚与众不同的时尚弄潮儿所追求的个性发型，女式前卫创意造型在造型技术上一直运用经典的造型技术。头发造型的发展是随着时代的进步而发展的，今天的前卫造型很有可能就是将来的时尚造型。

由于受到个性前卫思潮的影响，女式前卫创意造型的外轮廓形状、线条质感、纹理方向等外在形态与女式商业造型截然不同，女式前卫创意造型是夸张的造型，更具视觉冲击力，展现了未来将要商业化的流行趋势。

## 一、前卫电棒造型

前卫电棒造型大多采用对比的手法，使小卷与直发强烈对比，产生视觉冲击感。

前卫短发电棒造型　　　　　　　　　　前卫长发电棒造型

【准备工具】教习头模、小电棒、尖尾梳、造型夹、大叉梳。

### 1. 前卫短发电棒造型

【造型工艺或操作要点】电棒卷曲排列、发卷梳理造型是完成这款造型的关键。

模特原型　　　右侧额角以下发片用　右侧额角以上发片用　　梳通发卷
　　　　　　　电棒水平向上卷曲至　电棒水平向上卷曲并
　　　　　　　　　靠近发根　　　　　逐渐离开发根

扫码观看

右前侧完成效果　　　左前侧完成效果　　　右侧完成效果

## 2. 前卫长发电棒造型

【造型工艺或操作要点】电棒卷曲方向向上、发卷梳理造型是完成这款造型的关键。

从左侧开始向上卷曲
两圈

垂直取份并从左向右
卷曲

用叉梳梳开发卷

完成膨胀造型

扫码观看

梳紧发尾　　　　完成菱形造型

## 二、前卫编发造型

前卫编发造型应用在整个或部分头部区域，大多紧贴头皮进行图案或线条编织，利用对比手法产生强烈的视觉冲击感。

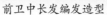

前卫中长发编发造型　　　　　　　　　前卫长发编发造型

【准备工具】教习头模、尖尾梳、橡皮筋、造型夹、U 形夹针、紧固类夹针。

### 1. 前卫中长发编发造型

【造型工艺或操作要点】编发紧贴头皮、造型自然、收放有度是完成这款造型的关键。

右侧加编单股辫　　　左侧加编单股辫　　　顶区编多股拧辫　　　顶区拉出灵动线条

发尾倒梳

后发区拉出飞尾效果

左侧完成效果

正面完成效果

右侧完成效果

扫码观看

## 2. 前卫长发编发造型

【造型工艺或操作要点】编发干净紧致、造型对称是完成这款造型的关键。

在前发区中间分出三角形
发区

顶区加编三股反手辫

后发区上半区分出半圆形
发区，与前发区一起扎高
马尾

马尾前面分出一小片发片，
余下头发分片倒梳

向后做折叠发包，并用　　将前面一小片发片编成两　　发尾交叉绕在根部固定　　正面完成效果
夹针固定　　　　　　　　个小辫交叉放在发包上

扫码观看

侧面完成效果

## ❤ 特别提示

许多前卫创意造型都综合运用了修剪、吹风、雕刻、电棒、夹板、编发、扎发、盘束等造型技术，先重点使用某一种技术进行造型，再搭配 1～2 种技术进行点缀。一个发型使用三种以上造型技术，就会显得杂乱无章。

# 第2节　女式舞台创意造型

发型秀的舞台创意造型不同于前卫创意造型和大赛创意造型，更讲究整个舞台效果的整体性，在不偏离主题的前提下造型设计可以天马行空，饰品选择可以无所不有。

## 一、主题创意

舞台创意造型所表达的内容和思想是舞台创意设计主题的价值取向，主题的立意可以多种多样，如魔幻、梦幻、唯美、未来、民族、前卫、古典、季节、节日等都可以作为舞台表演的主题。

舞台复古造型　　　　　　　　舞台梦幻造型　　　　　　　　舞台未来造型

## 二、发型创意

舞台创意造型可以纯粹以头发造型来表现，采用强烈对比来表达极度夸张，但发型设计必须与主题相吻合，要注意整体色彩的搭配。

"魔幻森林"系列舞台创意造型

## 三、饰品创意

舞台创意造型强调形态上的夸张表现，强调发型的视觉冲击力。造型可以不用头发作为造型主体，而用夸张的饰品凸显造型的美感。

"当丝巾爱上头发"系列舞台创意造型

## 四、舞台创意造型案例

舞台创意造型受到行为艺术和视觉艺术的影响，强调造型形态上的夸张，发型与妆面、服饰、音乐、背景融为一体，烘托主题，展现美轮美奂的造型艺术。美发师要根据设定的主题进行造型设计，用表演形式、服饰搭配、音乐舞美等来凸显整体的艺术美感。

### 1. "红"主题舞台走秀造型

扫码观看

### 2. "秋韵"主题舞台演绎造型

（1）秋之殇。模特以凌乱的发型和服饰搭配出场，表现秋天伤感的意境。

（2）秋之耕。美发师出场，完成整个发型的变化和饰品搭配，表现秋天的劳作。

（3）秋之韵。美发师退场，模特快速变化服装后走秀展示造型，表现秋天的韵味。

（4）秋之悦。美发师再次出场，打开大面积的头花，表现秋天收获的喜悦，最后集体谢幕。

扫码观看

"秋韵"主题舞台创意造型作品

### 3."朋克"舞台创意造型

【准备工具】教习头模、玉米夹板、直夹板、装饰品（小铁环）、橡皮筋、尖尾梳、大叉梳、造型夹、紧固类夹针。

【造型工艺或操作要点】能够体现朋克的精髓是完成这款造型的关键。

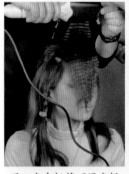
用玉米夹板将顶区发根到发中夹蓬松，用直夹板将发尾夹直

两侧单股加编反手正辫，发尾扎束在后颈处

顶区扎束成两个发球

发球向前固定，发尾在前额拉出发花

后发区扎束成两个发球并向上固定

发尾在头顶拉出发花

后颈处的发尾卷成小卷并梳开

发辫用小铁环装饰

右侧完成效果

左侧完成效果

正面完成效果

扫码观看

186

# 第 3 节　女式大赛创意造型

女式大赛创意造型是在遵循大赛规定的情况下进行独特的构思设计并制作的别具一格的发型。

## 一、亚洲发型化妆大赛

从 1991 年开始，劳动部门每年牵头选拔、组织优秀美发师参加在亚洲各地举办的亚洲发型化妆大赛，1992 年起中国队就开始夺得各个比赛项目的桂冠。20 世纪国内举办的各种发型大赛都是采用亚洲发型化妆大赛的发型比赛项目。至今，亚洲发型化妆大赛的比赛项目还保留着男式潮流修剪造型、女式潮流修剪造型、女式新娘造型和女式晚宴造型。进入 21 世纪后，亚洲发型化妆大赛的比赛发型开始偏向 OMC 世界发型大赛的技术类发型。

女式潮流修剪造型　　　　　　　　女式新娘造型

## 二、OMC 世界发型大赛

中国于 1998 年开始接触 OMC 世界发型大赛，自 2002 年开始将赛制引入国内。在 2003 年举办的 OMC 世界发型大赛上海国际城市邀请赛上，中国队首次夺得多块金牌。此后，在 OMC 亚洲杯、欧洲杯和世界杯比赛中，中国队屡次摘金夺银。

OMC 世界发型大赛的发型类别十分全面，在形状、比例、线条、色彩方面都极具艺术美感，包括女子技术组创意造型、晚宴造型和前卫创意造型等艺术类的比赛项目，还包括商业修剪、时尚修剪、时尚盘发、新娘盘发等商业类的比赛项目。

OMC 创意造型

OMC 晚宴造型

OMC 前卫创意修剪

OMC 时尚修剪

### 1. 大赛造型技术

（1）吹风造型前的准备

1）先在发丝需要收缩的区域喷少许发油。

2）在需要立起的区域和发根均匀涂抹适量摩丝。

3）在需要吹起的发尾涂抹少许免洗柔顺剂。

（2）吹风造型技术

1）自转是指吹风时铁滚梳自身不停地滚动。

2）公转是指吹风时铁滚梳在自转的同时，按照设定好的 C 形或 S 形曲线，由发根至发尾曲线移动和转动。

（3）梳理造型技术

1）梳理造型要用 S 形来表现线条的美感。

2）运用四步造型技法的整体配合来完成梳理造型。

扫码观看

3）造型的形态有收有放。

4）发胶和发油交替使用可以得到光洁纹理。

5）发型的外轮廓以三角形、菱形为主。

6）整体比例要协调，且要有流畅的整体方向。

## 2. 造型案例

OMC 世界发型大赛的女式大赛创意造型以女子技术组创意发型和晚宴发型最具代表性。四步造型技法贯穿于整个造型过程中，遗漏或忽视某一种技法的运用，造型效果将会大打折扣。

（1）大赛创意——OMC 女子技术组创意发型

【发型要求】

◎ 颜色和造型必须是商业性的。

◎ 最多可以使用 2 种颜色及其过渡色。

◎ 色彩只能在黑、白、棕、金、灰、紫、橙、红、粉 9 种颜色中选择。

◎ 禁止剃光头发。

◎ 禁止在头发和脸上添加饰品和发片。

◎ 禁止彩绘。

【准备工具】教习头模、吹风机、铁滚梳、尖尾梳、造型夹。

1）OMC 女子技术组创意发型吹风造型

【造型工艺或操作要点】曲线吹风造型技术应用是完成这款造型的关键。

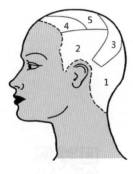
吹风分区侧视图

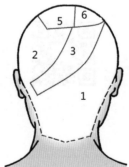
吹风分区后视图

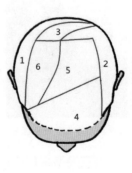
吹风分区俯视图

1 区以耳上为发射点向上吹梳

左侧后颈角的头发吹出
弧度

2区同样以耳上为发射点
向前吹梳

3区的头发向上拉吹

3区的发尾旋吹出S形
弧度

4区的发根放射状吹平

4区右侧的头发向上吹出
弧度

4区左侧的头发向上吹出
弧度

5区后面一层头发向右侧
拉吹出弧度

6区的头发发根向后吹梳

6区的头发向上吹出弧度

扫码观看

2）OMC 女子技术组创意发型梳理造型

【**造型工艺或操作要点**】梳理、固定、徒手造型是完成这
款造型的关键。

扫码观看

1 区以耳上为发射点向上梳理造型

左侧后颈角的头发梳出弧度

2 区同样以耳上为发射点向前梳理造型

3 区的头发向上梳出 S 形发片

放射梳理 4 区右侧的发片

旋转梳理 4 区左侧的发片

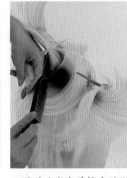

5 区的头发向前梳出弧形发片

6 区梳出 S 形发片

5 区的发尾立起

5 区的发尾与 6 区的发尾衔接

4 区左侧的发尾与 5 区的发尾衔接

完成效果

 **特别提示**

在造型完成后可用剪刀剪去影响光洁度的毛糙发尾。

（2）大赛创意——OMC 女子技术组晚宴发型

**【发型要求】**

◎ 颜色和造型必须是商业性的。

◎ 最多可使用 3 种颜色及其过渡色。

◎ 色彩只能在黑、白、棕、金、灰、紫、橙、红、粉 9 种颜色中选择。

◎ 发片和饰品的使用不能超过头发区域的 40%。

◎ 禁止剃光头发。

◎ 禁止在脸上添加饰品。

◎ 禁止彩绘。

**【准备工具】**教习头模、吹风机、铁滚梳、尖尾梳、造型夹、造型发片（发花）、夹针。

1）OMC 女子技术组晚宴发型吹风造型

**【造型工艺或操作要点】**曲线吹风造型是完成这款造型的关键。

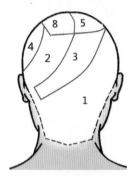
分区后视图

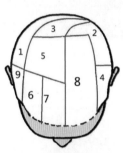
分区俯视图

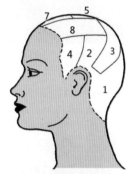
分区左视图

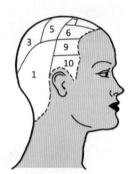
分区右视图

1 区以耳上为发射点向上
吹梳

1 区与 2 区旋转衔接

3 区向上旋吹

5 区先向前再向侧旋吹

6 区和 7 区向前、向侧旋吹

8 区向前滚吹

8 区发尾反向滚吹

4 区 S 形吹梳

9 区向上旋吹

10 区向上旋吹

扫码观看

2）OMC 女子技术组晚宴发型梳理造型

**【造型工艺或操作要点】**梳理造型、固定造型、徒手造型是完成这款造型的关键。

1 区以耳上为发射点向上梳理

1 区与 2 区衔接梳理

梳理 3 区

5 区向前轻轻倒梳发片

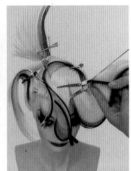

| | | | |
|---|---|---|---|
| 5区向前做斜折发片 | 6区向前做S形喇叭发片 | 7区向前做S形喇叭发片 | 8区发片旋梳后向前做S形喇叭发片 |

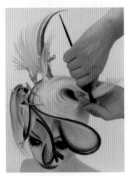
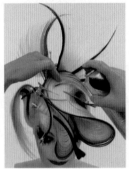

| | | | |
|---|---|---|---|
| 4区做卧式S形发片 | 合并6区、7区、8区发片的发尾 | 头顶添加发花 | 9区向前做S形喇叭发片 |

| | | |
|---|---|---|
| 10区向后做S形喇叭发片 | 后发区添加发花 | 正面完成效果 |

扫码观看

 **特别提示**

在造型完成后可用剪刀剪去影响光洁度的毛糙发尾。

（3）OMC 女子商业修剪

【**发型要求**】

◎ 颜色和造型必须是商业性的。

◎ 最多可使用 2 种颜色及其过渡色。

◎ 色彩只能在黑、棕、金、灰、淡粉、淡紫 6 种颜色中选择。

◎ 禁止剃光头发。

◎ 禁止在头发和脸上添加饰品。

◎ 禁止彩绘。

【**准备工具**】教习头模、修剪工具、染发工具、吹风机、尖尾梳、铁滚梳、造型夹。

【**造型工艺或操作要点**】硬柔交替的发尾是这款造型的关键。

底区用削剪技术完成平行外切层次的修剪

用牙剪均匀打薄底区头发

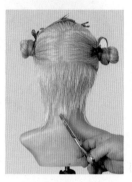
大致修出底区 M 形

中区用削剪技术完成平行外切层次的修剪

顶区以中区上线的长度为引导向后定线修剪

完成左侧外线修剪

完成右侧外线修剪

量感区染黑

动感区过渡染棕色

吹梳量感区

压紧后发区

将膨胀区吹出放射状弧形线条

顶区分层向上滚吹

精修外线

动感区发尾修剪出交错的硬线

左侧完成效果

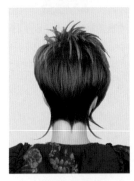

后侧完成效果

右侧完成效果

前侧完成效果

扫码观看

## 三、世界技能大赛

### 1. 女式长发向下造型与色彩设计（时间：2.5 h）

（1）愿望

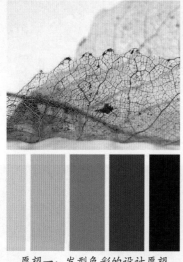 

愿望一：发型色彩的设计愿望　　　　愿望二：发型式样的设计愿望

（2）要求

◎ 发型必须呈现愿望的效果。

◎ 选手自由创作一款向下的波浪造型。

◎ 自由选择和使用工具。

◎ 染膏自由调配，剩余的染膏不能超过 10 g。

◎ 必须使用挑染技术。

◎ 除了彩喷、彩色摩丝和啫喱外，其他造型用品均可使用。

◎ 不允许使用发片。

◎ 不能剪短或打薄头发。

◎ 制作发型所需的工具都允许使用。

◎ 最后效果必须符合商业时尚发型效果。

（3）根据要求完成发型制作

## 2. 女式长发向上造型（时间：1.5 h）

（1）愿望

愿望一：发包形状的设计愿望　　　　愿望二：发片形状的设计愿望

（2）要求

◎ 发型必须呈现愿望的效果。

◎ 选手自由创作一款向上的盘发造型。

◎ 自由选择和使用工具。

◎ 选择使用规定的发饰。

◎ 不能改变头发的颜色。

◎ 除了彩喷、彩色摩丝和啫喱外，其他造型用品均可使用。

◎ 不允许使用发片。

◎ 可以佩戴耳环，但不能佩戴项链。

◎ 不能剪短或打薄头发。

◎ 只有得到裁判同意并在裁判监督下，才能用剪刀修剪发尾。

（3）根据要求完成发型制作

【准备工具】教习头模、吹风机、烘罩、尖尾梳、铁滚梳、橡皮筋、造型夹、U 形夹针、紧固类夹针。

【造型工艺或操作要点】海螺形的发包造型和长椭圆形的外轮廓控制是完成这款造型的关键。

前后分区，将后发区的头发
扎束在头顶中央

右侧分斜向头缝，将前发区
左侧的头发梳向右侧头缝处
固定

左侧头发轻轻倒梳后折返，
留出前角头发，梳顺表面

发尾卷进去，摆出斜向弧形
发包

前发区做 S 形发片

前发区右侧的头发梳向头顶
并固定

轻轻倒梳后卷出弧形发包

前发区发包完成效果

顶区马尾先倒梳再顺梳成
发片

卷出海螺形发包

顶区上面发片的发根倒梳

发片绕成 S 形

顶区最后一个发片向上做成
C 形

发尾绕在顶区发包上

右前侧完成效果

左前侧完成效果

左后侧完成效果

扫码观看

## 3. 女式商业修剪与色彩设计（时间：2.75 h）

（1）愿望

愿望一：根据图片寻找灵感，确定发型的 3 种色彩（包括底色）。

愿望二：根据图片寻找灵感，确定发型外轮廓形状。

愿望三：根据图片寻找灵感，确定发型纹理线条的形状。

（2）要求

◎ 发型必须呈现 3 个愿望的效果。

◎ 发型的修剪、染色和造型只能以现实生活中实用的、女性化的短发发型来呈现。

◎ 发型必须整体染色。

◎ 发型不得有前卫夸张的造型效果。

◎ 除了彩色喷胶、彩色啫喱、彩色摩丝、马克笔、蜡笔外，其他造型用品均可使用。

◎ 除了电棒和电夹板外，其他造型工具均可使用。

◎ 最后效果必须符合商业时尚发型效果要求。

（3）根据要求完成发型制作

## 4. 女式时尚发型设计与接发造型（时间：3.25 h）

（1）发型要求

1）使用商业修剪发型（图1）进行发型复制（图2）。

2）使用不超过16片接发发片。

3）根据图3选用1种过渡色进行色彩灵感复制。

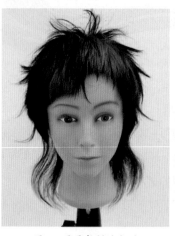

图1 商业修剪发型　　　图2 需要复制的发型　　　图3 发型色彩灵感复制

（2）发型分析和制作

1）修剪。对图片发型进行特征分析，确定发型层次结构。

① 周边为向下倾斜、纵直横弧的弧形面。

② 顶部平面修剪。

③ 纹理结构采用内外双层次交织修剪。

④ 用牙剪柔化发尾。

【准备工具】教习头模、修剪工具、染发工具、电棒、尖尾梳、造型夹。

【造型工艺或操作要点】寻找图片造型的关键点并完全复制是完成这款造型的关键。

量感区定弧形面修剪　　　　顶部定平面修剪　　　　大间隔纹理缔造

修剪刘海形状　　　打薄头发制造柔和发尾　　　干发二次修剪

2）色彩。在图 2 上面寻找高光点，根据高光点的位置和灰度决定色彩的深浅。发条和头发都选用深紫色到浅紫色的渐变色，采用同一种染膏、不同的上色停留时间来达到头发色彩渐变的效果。

根据设计要求局部漂色　　　　　漂色后进行混染　　　　　　发条进行漂色

发条进行染色　　　　　　　接发造型　　　　　　　发条修剪衔接

3）造型。寻找图片中若干个造型的关键点，并进行造型复制。

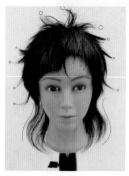

扫码观看

造型的关键点分析　　　　　　电棒造型　　　　　　　完成造型效果

💗 **特别提示**

借鉴世界技能大赛的比赛项目进行各类技能比赛，可根据条件增加或减少色彩设计的比赛内容和比赛时间。

✉ **课堂提问**

1. 女式创意造型分为哪几类？
2. 简述女式前卫创意造型的特点。
3. 简述女式大赛创意造型的特点。

💡 **课后练习**

一、判断题（将判断结果填入括号中。正确的填"√"，错误的填"×"）

1. 前卫创意造型即吹风造型。 （　）
2. 前卫创意造型受到追求个性的前卫思潮影响。 （　）
3. 女式前卫创意造型的外在形态与女式商业造型是相同的。 （　）
4. 前卫创意造型具有商业时尚造型不具备的夸张造型。 （　）
5. 前卫创意造型要有未来将要商业化的流行趋势。 （　）
6. 舞台创意造型等同于前卫创意造型和大赛创意造型。 （　）
7. 不偏离主题的情况下，舞台创意造型设计可以天马行空。 （　）
8. 舞台创意造型的饰品选择可以无所不有。 （　）
9. 舞台创意造型可以不用头发作为造型主体。 （　）
10. 舞台创意造型可以用夸张的造型和饰品来凸显美感。 （　）
11. 20世纪国内的各种发型大赛都采用亚洲发型化妆大赛的发型比赛项目。（　）
12. OMC世界发型大赛极力倡导表现发型的艺术美感。 （　）
13. 世界技能大赛美发的比赛项目大多是前卫时尚和经典发型。 （　）

二、单项选择题（选择一个正确的答案，将相应的字母填入题内的括号中）

1. 女式前卫创意造型是一小部分崇尚与众不同的时尚弄潮儿所追求的（　）发型。
A. 夸张　　　　　B. 个性　　　　　C. 优雅　　　　　D. 别致

2. 前卫创意造型在造型技术上一直运用（　）造型技术。
A. 经典　　　　　B. 典雅　　　　　C. 优雅　　　　　D. 时尚

3. 前卫组合造型使用超过（　　）种造型技术的设计，就会显得杂乱无章。

A. 2　　　　　　　B. 3　　　　　　　C. 4　　　　　　　D. 5

4. 前卫电棒造型大多采用（　　）的造型手法。

A. 递进　　　　　　B. 重复　　　　　　C. 对比　　　　　　D. 前卫

5. 舞台造型强调（　　）与妆面、服饰、音乐、背景等的整体融合。

A. 整体　　　　　　B. 美感　　　　　　C. 发型　　　　　　D. 饰品

6. 舞台造型要根据（　　）进行造型设计。

A. 要求　　　　　　B. 美感　　　　　　C. 主题　　　　　　D. 饰品

## 参考答案

一、判断题

1. ×　　2. √　　3. ×　　4. √　　5. √　　6. ×　　7. √　　8. √

9. √　　10. √　　11. √　　12. √　　13. ×

二、单项选择题

1. B　　2. A　　3. B　　4. C　　5. C　　6. C

# 第4篇

# 造型拓展

## 引导语

一款没有变化的发型很难适应现代人生活变化的需要。头发的长短也需要根据不同场合进行造型变化。时而经典、时而前卫、经常变化的发型可以为生活带来许多新意。

发饰作为一种造型工具，凭借造型快、容易梳理、易卸戴的优势，被专业造型所采用。

# 第1节　一发多变的分类

　　一发多变对美发师来说是极大的考验，美发师首先要掌握不同发型的制作方法并具有一定的设计理念，然后要结合人的气质、脸型、肤色、发质等因素，通过烫染、吹风、恤发、盘卷、编发、扎束、梳理等各种造型手法来进行一发多变。

## 一、商业造型的一发多变

　　商业造型的一发多变就是先用吹风机、恤发器、电热工具、发胶等对头发进行处理使头发蓬松软化，再通过各种造型手法改变头发流向、外形、纹理和线条。商业造型还可以运用各种发饰来增加发型的变化。

自然造型　　　　　　　　　活力造型　　　　　　　　　华贵造型

## 二、前卫造型的一发多变

前卫造型的一发多变可以通过梳理方向的变化来实现。

船形梳理造型　　　　　　　　环形梳理造型　　　　　　　　菱形梳理造型

## 三、大赛造型的一发多变

大赛造型的一发多变可以通过各种方法，如假发饰品造型等来达到。以下造型变化就是从时尚造型到创意造型，再到艺术晚宴造型。

时尚造型　　　　　　　　　　创意造型　　　　　　　　　　艺术晚宴造型

## 四、舞台造型的一发多变

舞台造型的一发多变可以从夸张的创意造型演变成商业造型。

【准备工具】教习头模、尖尾梳、橡皮筋、铁丝。

【造型工艺或操作要点】发型的变化是在辫子中间加了一根可弯曲的铁丝，发型随着铁丝的弯曲变化。

头发中分后对称扎束，留出
少量刘海

扎束好的发束采用减编法编
三股辫

每编一股都留出一缕头发

编至发尾后进行倒梳收尾

另一边用同样的方法进行
整体编织

发尾同样进行倒梳收尾

| | | |
|---|---|---|
| 两根发辫中加入铁丝 | 进行发辫塑形 | 舞台造型变化 1 |
| 舞台造型变化 2 | 舞台造型变化 3 | 舞台造型变化 4 |

# 第 2 节　一发多变技术示范

## 一、经典发型的一发多变

经典发型先通过盘卷，再通过各种造型手段和方法来制造一发多变的造型效果。

动感造型

包卷造型

环包造型

典雅造型

拧包造型

向侧造型

## 1. 基础盘卷

后发区恤发筒排列示意

两侧恤发筒排列示意

刘海恤发筒排列示意

扫码观看

## 2. 一发多变

**【准备工具】**教习头模、尖尾梳、紧固类夹针、U形夹针。

（1）动感造型

**【造型工艺或操作要点】**乱而有序的发卷是这款造型的关键。

用手指抖松头发

拉松发尾发卷

调整刘海造型

正面完成效果

侧面完成效果

后面完成效果

扫码观看

（2）包卷造型

**【造型工艺或操作要点】**中间夹针固定牢固是完成这款造型的关键。

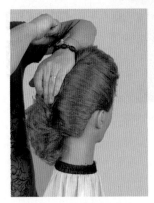
后发区右侧中间用十字
连环夹固定

右侧梳出整体垂直发卷

后发区左侧用同样的方法
梳出整体垂直发卷

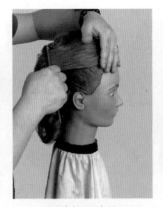

均匀挑出若干发束遮挡中间
的缝隙

刘海梳理造型

正面完成效果

扫码观看

侧面完成效果

后面完成效果

## ♥ 特别提示

1. 头发梳理一定要通透。

2. 两侧头发向中线固定时，发根可以轻轻打毛。

3. 发卷的发束拎取一定要均匀。

（3）环包造型

【**造型工艺或操作要点**】梳理造型是完成这款造型的关键。

| 左侧环包梳理 | 右侧环包梳理 | 梳理遮掩中缝 | 合并发尾 |

| 梳理刘海 | 正面完成效果 | 左侧完成效果 | 后面完成效果 |

扫码观看

右侧完成效果

（4）典雅造型

【造型工艺或操作要点】梳理造型是完成这款造型的关键。

整体向下慢梳

梳顺头发表面并推压出
凹陷形态

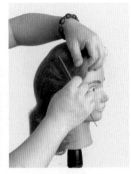
梳理刘海造型

正面完成效果

侧面完成效果

后面完成效果

扫码观看

（5）拧包造型

【造型工艺或操作要点】发际线周围收紧是完成这款造型的关键。

典雅造型

后发区十字分区，左侧
上区向上拧包

右侧上区向上拧包

左侧下区向上拧包

217

右侧下区向上拧包　　　　　完成效果　　　　　　　　　　扫码观看

（6）向侧造型

**【造型工艺或操作要点】**不对称造型的平衡是这款造型的关键。

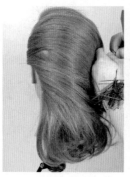
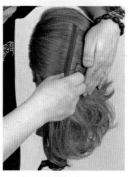

典雅造型　　　　从右侧开始向侧梳理　　　用十字连环夹固定到右侧　　打松发尾，用∪形夹针向
　　　　　　　　　　　　　　　　　　　　后发区　　　　　　　　上固定遮掩住十字连环夹

调整发尾纹理线条　　　　完成效果　　　　　　　　　　扫码观看

## 二、马尾造型的一发多变

发型的一发多变可以是整体的变化，也可以是局部的变化，如扎发中的马尾造型也可以进行一发多变。

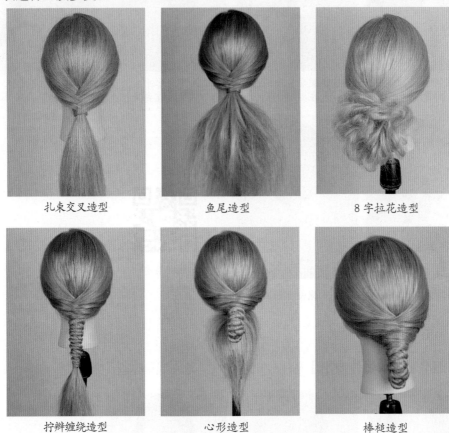

| 扎束交叉造型 | 鱼尾造型 | 8 字拉花造型 |

| 拧辫缠绕造型 | 心形造型 | 棒槌造型 |

【准备工具】教习头模、尖尾梳、橡皮筋、紧固类夹针、U 形夹针。

## 1. 扎束交叉造型

【造型工艺或操作要点】两侧交叉发尾收藏是完成这款造型的关键。

在后发区低马尾上插入
尖尾梳

头缝两侧发片向后交叉
放在尖尾梳上

依次向下分水平发片，
向后交叉放在尖尾梳上

拔去尖尾梳

在内侧扎束固定

完成效果

扫码观看

## 2. 鱼尾造型

【造型工艺或操作要点】马尾分束均匀抽丝是完成这款造型的关键。

将头发分束抽丝造型

喷发胶固定

完成效果

扫码观看

### 3. 8 字拉花造型

【**造型工艺或操作要点**】对折成 8 字形扎束是完成这款造型的关键。

分出一束头发对折成 8 字形

中间用橡皮筋扎束

马尾分束完成 8 字形扎束

拉花造型

完成效果

扫码观看

### 4. 拧辫缠绕造型

【**造型工艺或操作要点**】拧辫延长是完成这款造型的关键。

侧面分出一束头发，逆时针
拧转

拧绕在马尾根部

从发尾借取一束头发合并拧
转来延长拧辫的长度

扫码观看

依次向下拧转和借取头发

完成效果

## 5. 心形造型

【造型工艺或操作要点】固定造型和发尾的心形梳理是完成这款造型的关键。

扫码观看

向内对折

用夹针固定

完成效果

## 6. 棒槌造型

【造型工艺或操作要点】发尾收藏是完成这款造型的关键。

发尾向侧梳理

环绕在根部固定

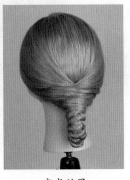
完成效果

扫码观看

# 三、男式商业造型的一发多变

男式商业造型可以通过头发纹理形状的变化来达到一发多变。

自然造型

括号头造型

飞机头造型

西装头造型

校园风造型

经典油头造型

223

波纹油头造型

翘浪造型

乱浪造型

【准备工具】教习头模、吹风机、尖尾梳、密齿梳、排骨梳。

## 1. 括号头造型

【造型工艺或操作要点】前额头发竖起，两侧额角头发括号形掉落。徒手造型是完成这款造型的关键。

用吹风机和手指带出发型的流向

用发蜡调整顶部的纹理线条

用发蜡调整左侧的纹理线条

用发蜡调整右侧的纹理线条

完成效果

扫码观看

## 2. 飞机头造型

【造型工艺或操作要点】头发向前额集中竖起。徒手造型是完成这款造型的关键。

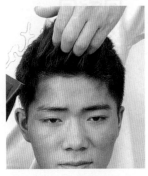

用吹风机和手指带出发型的
流向

用发蜡调整顶部的纹理线条

用发蜡调整两侧的纹理线条

用发蜡调整后侧的纹理线条

完成效果

扫码观看

## 3. 西装头造型

【造型工艺或操作要点】饱满的造型、干净的纹理线条是这款造型的关键。

用吹风机和手指带出发型
左侧的流向

用吹风机和手指带出发型
右侧的流向

压服帖周边轮廓

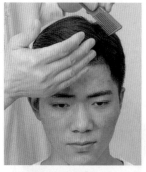

扫码观看

用密齿梳进行梳理造型，并
用造型用品固定

完成效果

## 4. 校园风造型

【造型工艺或操作要点】按照头发的自然流向进行束状纹理造型。徒手造型是完成这款造型的关键。

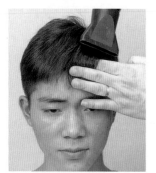

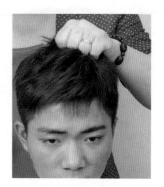

用吹风机和手指带出发型的
流向

用指推法推出束状纹理

用手抓法抓松顶部头发

扫码观看

用手搓法搓出束状纹理

完成效果

## 5. 经典油头造型

【**造型工艺或操作要点**】吹风和粗纹理线条梳理是完成这款造型的关键。

吹风造型        梳理造型        完成效果        扫码观看

## 6. 波纹油头造型

【**造型工艺或操作要点**】S形梳理是完成这款造型的关键。

 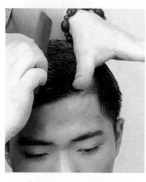 

头发均匀涂抹油头膏，并     左手拇指压住发根，发尾     左手拇指压住第二浪发根，
向后梳理               向前梳理             发尾向后梳理

左手拇指压住第三浪发根，     S形梳理至鬓角，完成右侧     S形梳理衔接波纹
发尾向前梳理            的梳理

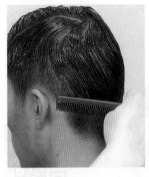

S形梳理衔接波纹，完成
左侧的梳理

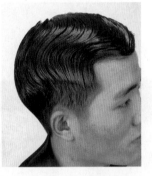

完成效果

扫码观看

## 7. 翘浪造型

【造型工艺或操作要点】向前吹梳的S形纹理和额角翘起的发尾是这款造型的关键。

用传统吹风技术由后向前
吹出波浪

刘海发尾向上翘起来

整体衔接波浪

梳理造型

完成效果

扫码观看

## 8. 乱浪造型

【造型工艺或操作要点】乱而有序的 S 形纹理是这款造型的关键。

抓乱翘浪造型

用造型用品固定

完成凌乱的波浪造型

扫码观看

### 课堂提问

1.一发多变可以运用哪些造型手法?

2.简述一发多变的类型。

### 课后练习

一、判断题（将判断结果填入括号中。正确的填"√"，错误的填"×"）

1.一款没有变化的发型是很难满足现代人生活需要的。　　　　　　　　（　　）

2.一发多变对美发师来说是极大的考验。　　　　　　　　　　　　　　（　　）

3.一发多变可以为生活带来许多新意。　　　　　　　　　　　　　　　（　　）

4.长发可以采用盘卷、梳理、编发、扎束等造型手法来改变头发的方向、形状、纹理等。　　　　　　　　　　　　　　　　　　　　　　　　　　　　（　　）

5.商业造型的一发多变就是先用吹风机、恤发器、电热工具、发胶等对头发进行处理，使头发蓬松软化后进行造型。　　　　　　　　　　　　　　　　（　　）

6.一发多变一般可分为五种类型。　　　　　　　　　　　　　　　　　（　　）

二、单项选择题（选择一个正确的答案，将相应的字母填入题内的括号中）

1.无论头发长短，都需要根据不同场合进行发型的（　　）。

A.修剪　　　　　B.着色　　　　　C.变化　　　　　D.创作

2.一发多变首先要掌握不同发型的制作方法，并具有一定的（　　）。

A.设计理念　　　B.吹梳技巧　　　C.盘发技术　　　D.烫染技术

229

参考答案

一、判断题

1. √    2. √    3. √    4. √    5. √    6. ×

二、单项选择题

1. C    2. A

第 10 章

发饰的运用和制作

发饰具有以下优点：①发饰款式多变；②发饰质地逼真；③发饰颜色艳丽；④发饰造型不伤头发；⑤发饰可以反复利用；⑥发饰可以填补造型的缺陷。

发饰在发型中的运用范围很广，如生活类发型中常用发卡、发箍等，盘束类发型中常用鲜花、小皇冠、小礼帽等，艺术类发型中可以特别制作体现发型美感的饰品等。生活类和盘束类发型的发饰在市场上可以购买到。艺术类发型因其独特性，其发饰也会根据发型的不同而需要进行独特设计，这就需要美发师自己动手制作了。

发饰可以分为饰品和假发两大类。饰品所用的材料繁多，如羽毛、绸带、亮片、亮粉、纱网、铁丝、玻璃等。假发能与顾客本身的头发完美融合，填补发型的缺陷和不足，达到以假乱真的效果。从严格意义上讲，只要可以用于头发装饰的物品都可以称作发饰。

# 第 1 节　饰品的运用

饰品不但可以弥补发型的缺陷和不足，而且可以为发型增加视觉亮点。饰品小范围运用，可以体现发型的特点和美感，起到画龙点睛的作用；饰品大范围运用，可能会掩盖发型本身的特点和细节。

## 一、生活类造型

生活类造型中饰品的运用以简单、明快、实用为特点，一般使用单一的饰品，如

各种花式发卡、发箍、绸带、丝巾等，使用中要避免多种饰品叠加使用。

发箍饰品　　　　　　　羽毛饰品　　　　　　　丝巾饰品

## 二、盘束类造型

盘束类造型中饰品的运用以高雅、大方、美观为特点，饰品使用具有多样性，如羽毛、鲜花、纱网等。一般选择1～2种饰品搭配组合使用，要注意色彩的协调和统一。

花环饰品　　　　　　　羽毛饰品　　　　　　　纱网饰品

## 三、艺术类造型

艺术类造型中饰品的运用以夸张、美观、瞩目为特点，饰品使用具有多样性和伸展性，可以使用任何材料进行多样搭配组合，色彩变化可以更加丰富，但要注意节奏的变化。

扇贝艺术造型          花瓶艺术造型

# 第 2 节　假发的运用

假发与顾客头发的质感相近，可以巧妙地与顾客的头发融合在一起，达到以假乱真的效果，填补发型的缺陷和不足。假发配合造型有以下几种方法。

◎ 延伸法——把假发用卡扣、钳接、绳接等方法隐藏固定在头发里面，达到延伸头发长度或改变头发局部颜色的效果。

◎ 补充法——把假发隐藏固定在头发上面，达到增加头发密度或改变发型外轮廓形状的效果。

◎ 点缀法——把假发运用在真发造型上面，达到点缀和凸显造型的效果。

现在的假发和传统的假发有所不同，传统的假发大多用尼龙纤维制成，式样比较单一，以整体套头为主，而现在的假发大多以真发材料为主，采用局部嫁接，可吹可洗，式样比较多，尤其长卷发、假刘海造型效果十分时尚。

## 一、假发的分类

假发使用广泛，用于满足有些造型对头发的额外需求，如夸大某种效果的造型、弥补头发长度或量感不足、某种色彩的临时搭配等。

### 1. 填充类假发

填充类假发是盘发时起大支撑作用的填充物。盘发完成后，填充物要全部隐藏起来，不露填充痕迹。填充类假发大多是用剪下的头发或其他化学纤维加工制成的。

### 2. 塑形类假发

塑形类假发形状大多可变，用于超大体积类的盘发造型，与真发相互融合，不需要全部隐藏起来。这类假发大多是购买的成品，也可自制。

### 3. 造型类假发

造型类假发同样是制成品，大多用于扩充真发发量和长度。这类假发大多块面较大，有直发类，也有卷曲发类。

### 4. 接发类假发

接发类假发属于生活日常用品，用于增加头发长度、量感和装饰色彩。接发类假发多为束状、片状。

## 二、假发的运用范围

### 1. 生活类造型

在生活类造型中，假发用于点缀平凡的发型色彩或延长头发的长度，能够很好地体现发型的时尚感。

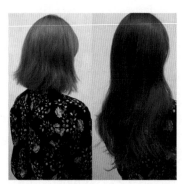

假发点缀造型　　　　　　　假发延伸造型　　　　　　　假发补充造型

## 2. 舞台类造型

在舞台秀场里频繁出现的蓬松凌乱或极具视觉冲击力的夸张造型中，假发的作用功不可没。

假发向后延伸造型　　　　假发向上延伸造型　　　　假发向下延伸造型

## 3. 大赛类造型

在大赛类造型中，假发可以延伸发型的艺术线条，填补发型的造型缺陷，制造夸张的艺术效果。

假发向前延伸造型　　　　假发向上延伸造型　　　　假发向下延伸造型

# 第3节　发饰的制作

20世纪以来，许多美发大赛的新娘和晚宴造型中，都添加了用头发制作的饰品，增加了发型的艺术感染力。

【准备工具】发束、尖尾梳、密齿梳、吹风机、修剪工具、牙签、电棒、热熔胶枪等。

## 一、头发漂染

【制作要点】色彩最终的呈现要符合设计要求。

头发漂色至八度半以上　　　　选择半永久染膏　　　　　染膏上色

## 二、镂空叶制作

【制作要点】发丝的粗细要均匀。

【制作步骤】

彩色发条上涂抹啫喱膏

剪取笔尖状发尾发条，用密
齿梳梳出纹理

用两根牙签从根部向相反的
方向推出叶子的轮廓

根据纹理依次向上推出叶子
的脉络

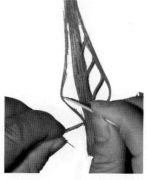

另外一侧用同样的方法推出
叶子的轮廓

镂空叶片完成效果

# 三、牡丹花制作

【**制作要点**】发条梳理通顺、徒手造型。

【**制作步骤**】

彩色发条上涂抹啫喱膏

剪取中段等长发片

发片对折

用手指推压出形状　　　　晾干发片后用电棒横向外翻　　用热熔胶完成拼接牡丹花
　　　　　　　　　　　　　　　塑形　　　　　　　　　　　效果

## 四、六瓣花形制作

【**制作要点**】对称修剪是关键。

【**制作步骤**】

用啫喱膏压出圆盘发片并　　　　剪出6片花瓣　　　　　　修剪完成效果
　　晾干

## 五、马蹄莲制作

【**制作要点**】修剪的形状是关键。

【**制作步骤**】

做半圆形发片　　　　　　对折斜剪　　　　　　展开效果

上胶封口　　　　　　　粘接花心　　　　　　完成马蹄莲造型

## 六、玫瑰花制作

【**制作要点**】发条梳理通顺、电棒造型是关键。

【**制作步骤**】

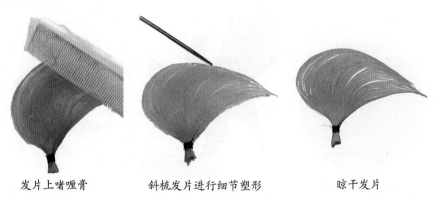

发片上啫喱膏　　　斜梳发片进行细节塑形　　　晾干发片

电棒竖卷塑形

完成花心塑形

电棒横卷向外塑形

发片用热熔胶开始拼接

逐渐加大范围进行拼装

完成玫瑰花造型

## 七、六瓣旋花制作

【制作要点】发条梳理通顺、对称造型是关键。

【制作步骤】

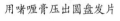

用啫喱膏压出圆盘发片

分出 4 ~ 6 片花瓣并塑形

晾干后的完成效果

## 八、花瓣拼花制作

【**制作要点**】电棒造型的弧度变化是关键。

【**制作步骤**】

制作花瓣　　　　　　电棒塑形　　　　　　花瓣拼接成花

## 九、千织网辫

【**制作要点**】发条梳理通顺、徒手造型是关键。

千织网辫效果

## 十、花叶组装

【制作要点】花叶组装的形状需要借鉴插花造型的排列组合。

### 📩 课堂提问

1.简述发饰的类型。

2.简述假发配合造型的几种方法。

### 💡 课后练习

一、判断题（将判断结果填入括号中。正确的填"√"，错误的填"×"）

1.发饰可分为饰品和假发两大类。　　　　　　　　　　　　　　（　　）

2.发饰款式多变、颜色艳丽，可以反复利用、任意修改。　　　　（　　）

3.饰品所用的材料种类较少。　　　　　　　　　　　　　　　　（　　）

4.只要用于头发装饰的物品都可以称作发饰。　　　　　　　　　（　　）

5.生活类发饰多以简单、明快、实用为特点。　　　　　　　　　（　　）

6.盘束类发饰的使用具有多样性。　　　　　　　　　　　　　　（　　）

7.艺术类发饰多以夸张、美观、瞩目为特点。　　　　　　　　　（　　）

8.假发不可与顾客的真发融合在一起。　　　　　　　　　　　　（　　）

9.传统的假发材料大多以真发为主。　　　　　　　　　　　　　（　　）

10.生活类假发可以增加发型艺术线条的延伸。　　　　　　　　（　　）

11. 大赛类假发可以增加发型艺术线条的延伸。 （　　）

12. 假发使用得不是很多。 （　　）

13. 假发使用是美发师必备的技能。 （　　）

14. 在盘发中需要大支撑物时使用填充类假发。 （　　）

15. 填充类假发大多是用剪下来的头发或其他化学纤维加工制作的。 （　　）

16. 舞台上极具视觉冲击力的夸张发型中，假发功不可没。 （　　）

17. 假发饰品配合造型方法一般有两种。 （　　）

18. 延伸法的目的是延伸头发的长度及改变头发的局部颜色。 （　　）

19. 真发制作的发饰与顾客头发的质感相近，可以弥补发型缺陷和不足。 （　　）

20. 接发类假发多是束状和片状的。 （　　）

二、单项选择题（选择一个正确的答案，将相应的字母填入题内的括号中）

1. 发饰分为（　　）和假发两大类。

A. 羽毛　　　　　B. 绸带　　　　　C. 饰品　　　　　D. 纱网

2. 饰品不但可以弥补发型的缺陷和不足，还可以为发型增加（　　）亮点。

A. 视觉　　　　　B. 发型　　　　　C. 纹理　　　　　D. 方向

3. 饰品小范围运用可以体现发型的特点和（　　）。

A. 高度　　　　　B. 美感　　　　　C. 立体化　　　　D. 层次感

4. 花式发卡、发箍、绸带、丝巾等饰品属于（　　）发饰。

A. 盘发类　　　　B. 生活类　　　　C. 艺术类　　　　D. 舞台类

5. 以简单、明快、实用为特点，且具有使用单一性的是（　　）发饰。

A. 盘发类　　　　B. 艺术类　　　　C. 生活类　　　　D. 舞台类

6. 以夸张、美观、瞩目为特点的是（　　）发饰。

A. 盘束类　　　　B. 艺术类　　　　C. 生活类　　　　D. 舞台类

7. 传统的假发大多以尼龙纤维为主，式样也比较（　　）。

A. 单一　　　　　B. 多变　　　　　C. 丰富　　　　　D. 复杂

参考答案

一、判断题

1. √　　2. √　　3. ×　　4. √　　5. √　　6. √　　7. √　　8. ×

9. ×  10. ×  11. √  12. ×  13. √  14. √  15. √  16. √
17. ×  18. √  19. √  20. √

二、单项选择题

1. C  2. A  3. B  4. B  5. C  6. B  7. A

# 附录

# 世界技能大赛美发项目比赛操作要点

## 1. 比赛开始前

（1）比赛开始前（包括发放赛题的 15 min），不允许进行任何操作（如戴手套或给头模喷水、分区、修剪、围围布等）。

（2）检查头模，如果有破损或污染需及时请工作人员记录，避免扣分。

（3）比赛工位提供的电源、设备若有故障，需及时请工作人员记录，避免扣分。

（4）笔和纸不允许带入赛场。

（5）不是比赛项目所要求使用的工具不允许带入赛场。

## 2. 修剪

（1）头模按照真人去对待。

（2）不得站在头模正前方进行修剪。

（3）男式经典造型剪发工具只能使用削刀、美发剪刀、牙剪。

（4）男式经典造型剪发后颈部必须从光茬（零度）开始起色调。

（5）使用削刀削发时，头发必须保持一定湿度，在干发或半干发上削发将视为违规。

（6）使用过的剃刀或削刀刀片需要放置于锐器盒中。

（7）用完剪刀和剃刀后应及时闭合，不能将剪刀和剃刀留在顾客面前的架子上，且要清理干净碎发或进行消毒处理（包括电推剪、雕刻剪等剪发工具）。

（8）清理碎发时要使用专业的清理刷子，不能使用毛巾。

（9）剪发完成或正为顾客剪发时地面已经堆积起了一堆头发，需要及时清扫头发

并倒入垃圾桶。

（10）清扫好头发后，才能开始染发、吹风或其他美发服务。

### 3. 造型

（1）头模按照真人去对待。

（2）吹风机、电棒等造型工具不用时必须及时拔下插头并安全收纳。

（3）女式长发向上造型不可以修剪头发。

（4）女式长发向上造型整体完成后，头发上不能看到夹针。

（5）在为顾客造型或添加发片时，不能使用可扎透皮肤的物品（如金属 T 形针、竹签、铁丝等）。

（6）不能过度使用造型用品，避免顾客在充满喷雾的环境中感到不适。

（7）使用造型工具（如滚梳、排骨梳、剪发梳等）后，需要清理造型工具上的头发（梳子可以冲洗）。

（8）吹风机不能离顾客头皮太近，吹风操作不可过于暴力。

### 4. 染发

（1）头模按照真人去对待。

（2）头模做好防护。染发之前给头模披上染发披肩，发际线附近涂上皮肤隔离霜（用棉签涂抹，涂抹宽度不超过 2 cm）。

（3）选手做好自身防护，调色、染色、冲洗时都应围上围裙，戴上手套、口罩、护目镜等。

（4）在染发过程中，染膏不得污染头模，要随时进行检查清理。

（5）在染发过程中，如果染膏滴落在皮肤、披肩或地板上，应立刻清理染膏，避免留下污点。

（6）染碗在清洗前需举手报备，未报备将被认定为一次违规。染碗中剩余的染膏将进行称重，超过 10 g 染膏（所有染碗和染刷上的染膏）视为违规一次。

（7）涂抹染膏时不能有遗漏，要随时进行检查。

（8）选手的衣物及皮肤上不得沾染化学用品，若沾染化学用品应及时清理，否则将视为违规。

（9）使用锡纸时需规范，摆放、折叠要整齐。

（10）接触化学用品时，只允许使用塑料夹子、塑料尖尾梳。

（11）染发时只能用专业挑发梳，不能用染刷尾挑发片。

（12）所有染发用品必须使用电子秤进行称重。

（13）第二次调配化学用品时，必须保持手套干净，不能戴着污染过的手套去调配化学用品。

（14）赛题中出现指定染膏时，调配前应举手示意裁判进行报备，且指定染膏不得与其他染膏混合调配。

（15）为了防止化学用品过度地在头发上产生反应，所有化学用品都要根据生产商说明标准操作，开始计时和计时完毕都要举手示意裁判。

（16）在染发过程中，染膏不可在头模上堆积过量。

（17）涂抹完染膏后需将头发梳理整齐，不可使染膏堆积在一起，漂发时则需挑开发片，保证空气流通，避免发片内部温度过高。

（18）染发时调配赛题指定的染膏色号前需举手向裁判报告。

（19）剩余的染膏需倒入不可回收垃圾桶中而不是水槽中。

（20）所有头发必须被染色或漂色，染发完成后在湿发状态下，选手必须举手示意裁判进行检查（是否有污染、漏染）。

（21）染膏调配完成后要及时涂抹，不可过长时间放在一旁。

（22）检查染膏涂抹是否均匀时，必须使用宽齿梳（塑料），不可使用密齿梳。

（23）染发用品使用后，一定要密闭存放（漂粉要密封，染膏、双氧乳需盖好瓶盖）。

## 5. 洗头

（1）头模按照真人去对待。

（2）水不能溅到面部，如溅到要及时擦干。

（3）洗完之后，包上毛巾，回到工位。

（4）操作过程中如有水在围布、地面上需及时擦干。

（5）洗头盆使用后要清洗干净，确保无头发、水渍、污渍、染膏等。

## 6. 接发

（1）头模按照真人去对待。

（2）接发发条染色需要和头模头发颜色融合。

（3）不能看到接发的痕迹。

## 7. 烫发

（1）头模按照真人去对待。

（2）男式烫发造型上完药水前必须用插棒橡皮筋顶起，防止折痕。

（3）烫发上药水时头模必须做好防护。

（4）烫发上药水时选手必须做好个人防护，应围上围裙，戴上手套、口罩、护目镜等。

（5）烫发时必须使用保鲜膜、棉条和肩托。

（6）接触化学用品时，只允许使用塑料夹子、塑料尖尾梳。

（7）烫发时必须湿发卷杠，卷杠数量不少于 15 个。

（8）烫发药水不可滴落在面部或皮肤上。

（9）防护性烫发棉一旦浸透了烫发药水或中和液，必须将其移除并换上新的烫发棉。

（10）烫发完成后，选手需在湿发状态下举手示意裁判进行检查（发尾是否有变形或折痕，发根是否有橡皮筋痕迹或压痕）。

## 8. 雕刻

（1）头模按照真人去对待。

（2）雕刻线条时不能损伤皮肤。

## 9. 比赛结束

（1）必须清理头模上的碎发，拿下围布，清扫地面，收拾工具。

（2）退场时工作场地恢复进场时的状态。

（3）比赛结束后，所有工具、设施设备应保持干净、整洁。

（4）离开比赛区域前，清扫工作区、清理垃圾、擦拭镜子，确保场地干净。

（5）比赛完成后，选手不能再触碰参赛作品。

## 10. 其他扣分项（以下适用于每一个模块的客观分违规扣分项目）

（1）禁止使用比赛项目不允许使用的材料、设备、器具或工具。

（2）不允许损坏大赛组委会提供的所有设备设施，赛前检查所有电器以及设备设施，如有问题及时举手向裁判报备。

（3）比赛现场红色工具图标表示不允许使用，绿色工具图标表示可以使用。

（4）每个模块使用的工具／用品不同，只能携带本模块工具／用品入场。

（5）在为顾客造型或添加发片时，不能使用可扎透皮肤的物品（如金属 T 形针、竹签、铁丝等）。

（6）不得站在顾客正前方进行操作，只能站在顾客左前方或右前方操作。更不能在顾客前方走动，更换左右位置时应从顾客后方绕行。

（7）选手进入赛场后，不能相互说话或借用工具，更不可与场外人员交流。

（8）如果选手比赛期间需要上厕所或有其他需求，必须有专家陪同，途中不能与任何人交谈（要举手示意裁判，并且计入比赛时间不额外补时）。

（9）选手比赛时不能穿裙装、短裤等违反安全规定或过于暴露的服饰，不能穿凉鞋（露脚背或露脚趾）、高跟鞋。

（10）选手比赛时不能佩戴手表，以及手链、戒指等首饰。

（11）操作台、工具车摆放用品及工具不规范（较杂乱）。

（12）所有工具不可放在地上，操作过程中如果工具掉落必须举手报备后再进行清洗或消毒处理，若不再使用此工具也需举手报备后再放入工具车指定位置。

（13）使用工具车来放置比赛工具和设备时，工具和设备不能放在操作台（架）上。

（14）选手必须在指定的工作台和工作区做准备工作，而不是在顾客面前的架子上、地板上或其他位置做准备工作。

（15）操作过程中如果受伤，选手必须立即停止操作，并举手示意裁判后进行伤口处理。处理伤口不给予加时，如选手未停止操作则视为违规。

（16）选手自带的工具箱和工具包必须存放在指定区域，不可带入比赛工作区。

（17）选手必须以对待真人的方式对待头模，如果出现不适当的操作，选手将被视为违规（如梳理头模力度过大）。

（18）顾客（头模）的围布要规范使用（不可把方向弄反）。

（19）不可以给顾客（头模）化妆和穿戴服饰。

（20）顾客（头模）需面朝镜子，不可随意移动。

（21）比赛区域不得跑动，比赛期间不可以到其他选手的工位。

（22）在操作过程中头发不可长时间遮挡顾客（头模）面部。

（23）在顾客（头模）前发区喷水或使用造型喷雾时，应用手遮挡顾客（头模）面部，避免顾客（头模）面部残留水渍或造型用品。

（24）顾客（头模）前后、左右摆动不能超过45°。

（25）在开展美发服务时，不能让电线缠绕住顾客（头模）。

（26）所有电器使用完后要将线缠绕好放回工具车（加热电器可放在操作台上冷却后再放回工具车）。

（27）插拔电器插头时，需保持手部干燥（注意捏住插头而不是电线）。

（28）用过的毛巾折叠好后需放在指定区域。

（29）废弃物需及时处理，不得堆放在工具车上或其他区域。

（30）公共用品需在公共区域进行调配或使用，不可带回个人工作区。

（31）可回收垃圾（如纸盒、塑料等）、不可回收垃圾（如沾有化学用品的物品、干湿纸巾、剩余的染膏等）和毛巾这三大类回收桶摆放在公用区，必须严格按照分类进行投放。

（32）所有用品（如双氧乳、染膏、漂粉、发泥、发胶等）使用后，必须保持其外观干净整洁。

（33）选手、专家、领队、指导老师不得将个人笔记本电脑、平板电脑或手机带入比赛场地。仅在比赛结束的时候，选手、专家、领队、指导老师方可在比赛场地中使用个人摄影和摄像设备。